AutoCAD 2016电气设计经典课堂

郝建华　刘宝锤　编著

清华大学出版社
北京

内 容 简 介

本书以AutoCAD 2016为写作平台，以"理论+应用"为创作导向，用简洁的形式、通俗的语言对AutoCAD 2016软件的应用，以及一系列典型的实例进行了全面讲解。

全书共12章，分别对AutoCAD辅助绘图基础知识、机械电气图、电力电气图以及建筑电气图的绘制方法进行了详细阐述，以达到授人以渔的目的。其中，主要知识点囊括了电气设计入门知识、AutoCAD 2016软件入门、绘图环境和对象特性的设置、图层的创建与管理、二维图形的绘制和编辑、图块的创建与应用、文字和表格的应用、尺寸标注的应用，以及图形的输出与打印等内容。

本书结构清晰，思路明确，内容丰富，语言简练，解说详略得当，既有鲜明的基础性，也有很强的实用性。

本书既可作为大中专院校及高等院校相关专业学生的学习用书，又可作为电气设计从业人员的参考用书，还可作为社会各类AutoCAD培训班的首选教材。

图书在版编目(CIP)数据

AutoCAD 2016电气设计经典课堂 / 郝建华，刘宝锺编著. —北京：清华大学出版社，2018

ISBN 978-7-302-49469-0

Ⅰ．①A…　Ⅱ．①郝…　②刘…　Ⅲ．①电气设备—计算机辅助设计—AutoCAD软件—教材　Ⅳ．①TM02-39

中国版本图书馆CIP数据核字（2018）第020914号

责任编辑：陈冬梅
封面设计：杨玉兰
责任校对：张彦彬
责任印制：杨　艳

出版发行：清华大学出版社
　　　　　网　　　址：http://www.tup.com.cn，http://www.wqbook.com
　　　　　地　　　址：北京清华大学学研大厦A座　　　　　邮　　编：100084
　　　　　社 总 机：010-62770175　　　　　邮　　购：010-62786544
　　　　　投稿与读者服务：010-62776969，c-service@tup.tsinghua.edu.cn
　　　　　质量反馈：010-62772015，zhiliang@tup.tsinghua.edu.cn
印 装 者：三河市金元印装有限公司
经　　销：全国新华书店
开　　本：200mm×260mm　　　　印　　张：16.75　　　　字　　数：404千字
版　　次：2018年4月第1版　　　　印　　次：2018年4月第1次印刷
印　　数：1～3000
定　　价：49.00元

产品编号：077189-01

为何要学习 AutoCAD

设计图是设计师的语言，作为一名优秀的设计师，除了有丰富的设计经验外，还必须掌握相关的绘图技术。早期设计师们都采用手工制图，由于设计图纸是随着设计方案的变化而变化的，使得设计师们需反复修改图纸，可想而知工作量是多么繁重。随着时代的进步，计算机绘图取代了手工绘图，从而被普遍应用到各个专业领域，其中 AutoCAD 软件应用最为广泛。从建筑到机械；从水利到市政；从服装到电气；从室内设计到园林景观，可以说凡是涉及机械制造或建筑施工行业，都能见到 AutoCAD 软件的身影。目前，AutoCAD 软件已成为各专业设计师必备技能之一，所以要想成为一名出色的设计师，学习 AutoCAD 是必经之路。

AutoCAD 软件介绍

Autodesk 公司自 1982 年推出 AutoCAD 软件以来，先后经历了十多次的版本升级，目前主流版本为 AutoCAD 2016。新版本的界面根据用户需求做了更多的优化，旨在使用户更快地完成常规任务、更轻松地找到更多常用命令。从功能上看，除了保留空间管理、图层管理、图形管理、选项板的使用、板块的使用、外部参照文件的使用等优点外，还增加了很多更为人性化的设计，例如新增了捕捉几何中心、调整尺寸标注宽度、智能标注以及云线等功能。

系列图书内容设置

本系列图书以 AutoCAD 2016 为写作平台，以"理论知识＋实际应用＋案例展示"为创作思路，向读者全面阐述了 AutoCAD 在设计领域中的强大功能。在讲解过程中，结合各领域的实际应用，对相关的行业知识进行了深度剖析，以辅助读者完成各种类型的设计工作。正所谓要"授人以渔"，读者不仅可以掌握这款绘图设计软件，还能利用它独立完成作品的创作。本系列图书包含以下图书作品。

⇒《AutoCAD 2016 中文版经典课堂》
⇒《AutoCAD 2016 室内设计经典课堂》
⇒《AutoCAD 2016 家具设计经典课堂》
⇒《AutoCAD 2016 园林景观设计经典课堂》
⇒《AutoCAD 2016 建筑设计经典课堂》
⇒《AutoCAD 2016 电气设计经典课堂》
⇒《AutoCAD 2016 机械设计经典课堂》

配套资源获取方式

目前市场上很多计算机图书中配带的 DVD 光盘，总是容易破损或无法正常读取。鉴于此，本系列图书的资源可以通过以下方式获取。

需要获取本书配套实例、教学视频的老师可以发送邮件到 619831182@QQ.com 或添加微信公众号 DSSF007 回复"经典课堂"，制作者会在第一时间将其发至您的邮箱。

适用读者群体

本系列图书主要面向广大高等院校相关设计专业的学生；室内、建筑、园林景观、家具、机械以及电气设计的从业人员；除此之外，还可以作为社会各类 AutoCAD 培训班的学习教材，同时也是 AutoCAD 自学者的良师益友。

作者团队

本书由郝建华、刘宝锺编写。本系列图书由高校教师、工作一线的设计人员以及富有多年出版经验的老师共同编著。其中，刘鹏、王晓婷、汪仁斌、杨桦、李雪、徐慧玲、崔雅博、彭超、伏银恋、任海香、李瑞峰、杨继光、周杰、刘松云、吴蓓蕾、王赞赞、李霞丽、周婷婷、张静、张晨晨、张素花、赵盼盼、许亚平、刘佳玲、王洁、王博文等均参与了具体章节的编写工作，在此对他们的付出表示真诚的感谢。

致　　谢

为了令本系列图书尽可能满足读者的需要，许多人付出了辛勤的劳动。在此，向参与本书出版工作的"ACAA 教育集团"和"Autodesk 中国教育管理中心"的领导及老师、出版社的策划编辑等人员，致以诚挚谢意。同时感谢清华大学出版社的所有编审人员为本系列图书的出版所付出的辛勤劳动。本系列图书在编写过程中力求严谨细致，但由于时间和精力有限，书中难免出现疏漏和不妥之处，希望各位读者多多包涵，并批评指正，万分感谢！

读者在阅读本系列图书时，如遇到与本书有关的技术问题，可以通过添加微信号 dssf2016 进行咨询，或者在获取资源的公众平台中留言，我们将在第一时间与您互动解答。

编者

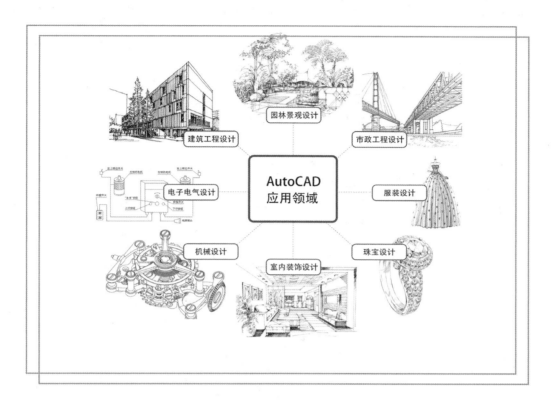

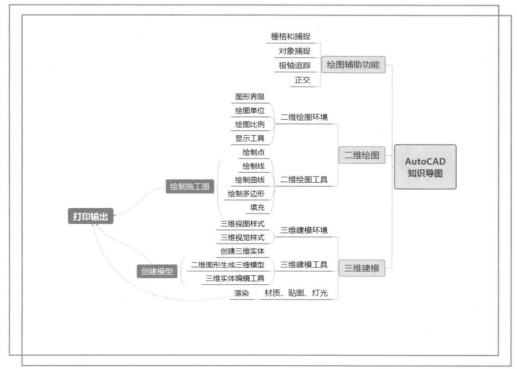

　　室内装饰施工图是用于表达建筑物室内装饰美化要求的施工图样。它是以透视效果图为主要依据，采用正投影等投影法反映建筑的装饰结构、装饰造型、饰面处理，以及反映家具、陈设、绿化等布置内容。

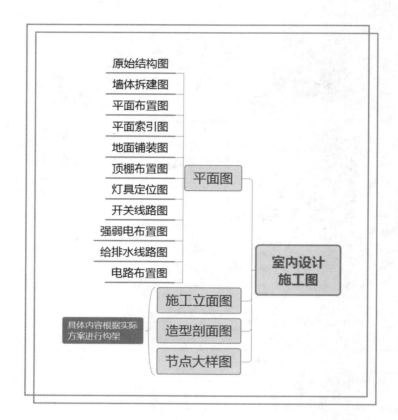

第 1 章　AutoCAD 电气设计入门

第 2 章　使用辅助工具绘制电气图形

第 3 章　绘制二维电气图形

第 4 章　编辑二维电气图形

第 5 章　为电气图形添加图块

第 6 章　为电气图形添加文本与表格

第7章 为电气图形添加尺寸及引线标注

第8章 输出与打印电气图纸

第9章 绘制常用电气符号

第 **1** 章

AutoCAD 电气设计入门

本章将着重对电气设计的基本概念以及 AutoCAD 2016 的基础知识进行阐述，例如电气符号的构成与分类、电气工程图的表示方式、电气图的制图规范以及 AutoCAD 2016 入门操作等。通过对本章内容的学习，希望读者能够对电气设计这门学科有一定的了解，并为以后的学习奠定良好的基础。

知识要点

▲ 电气工程图概述

▲ 电气图形符号的构成和分类

▲ 电气工程图的基本表示方法

▲ 电子工程 CAD 制图规范

▲ 认识 AutoCAD 2016

▲ 图形文件的管理

▲ 设置绘图环境

1.1 电气工程图概述

电气工程主要是研究电力的学科，其中包括发电、变电、输电和配电。而电气工程图是将这些电气设备或系统的工作原理，以及相互之间的连接关系以示意图的方式展现出来。下面将对电气工程图的一些特点、分类以及组 成进行简单介绍。

1.1.1 电气工程图的特点

不同的专业其图的表达方式、绘图方式都有所不同。电气工程图纸主要是表示系统或装置中的电气关系，它有着独特性、简洁性、布局性以及多样性这四大特点。

● 独特性

电气工程图纸主要是表达各电气系统或设备中各元件之间的电气连接关系，这种连接关系都具有其独特性。

● 简洁性

电气工程图纸都是采用电气元件或设备的图形符号、文字符号以及连线来表示。与其他专业的图纸相比较，例如建筑图纸、机械图纸等，它具有一定的简洁性。

● 布局性

电气工程图纸中的系统图、电路图都是按功能来布局的，它只考虑各元件之间的功能关系，而不考虑元件的实际位置。

● 多样性

对能量流、信息流、逻辑流和功能流的不同描述方法，使电气图具有多样性。

1.1.2 电气工程图的分类

电气工程图的种类有很多，不同规模的电气工程其图纸种类与数量有所不同，不同类别的电气图纸其表达的工程含义也不同。下面将介绍几种主要的图纸种类。

1. 电气系统图

电气系统图主要表示整个工程或其中某一项的供电方式和电能输送之间的关系。该图纸强调布局清晰，以便于识别和确定信息的流向，如图 1-1 所示。

2. 电气平面图

电气平面图主要用于表示各种电气设备与线路平面布置位置，是进行建筑电气设备安装的重要依据。图纸是在建筑平面图的基础上绘制的，由于电气平面图按比例缩小较大，因此不能表现电气设备的具体位置，只能反映电气设备之间的相对位置关系。常见的电气平面图有：动力电气平面图、照明平面图、变电所电气平面图、防雷与接地平面图等，如图 1-2 所示为住宅照明平面图。

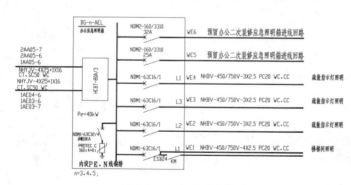

图 1-1　办公照明系统图

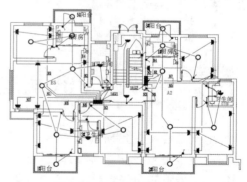

图 1-2　住宅照明平面图

3. 电路图

电路图是表示某一具体设备或系统电气工作原理的，用来指导某一设备与系统的安装、接线、调试、使用与维护。在绘制电路图时，应突出表示功能的组合和性能，使用的图形符号必须具有完整的形式，如图 1-3 所示。

4. 安装接线图

安装接线图是表示某一设备内部各种电气元件之间位置关系及接线关系的，用来指导电气安装、接线、查线。它是与电路图相对应的一种图，如图 1-4 所示。

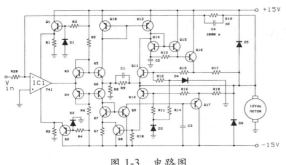

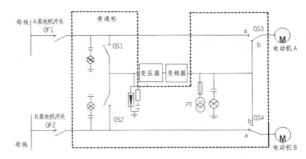

图 1-3 电路图

图 1-4 安装接线图

5. 设备布置图

设备布置图是表示各种电气设备平面与空间的位置、安装方式及其相互关系的。该图纸一般是按三视图的原理进行绘制的，与一般机械工程图没有原则性的区别。

6. 设备安装大样图

大样图是表示电气工程中某一部分或某一部件的具体安装要求和做法，其中有一部分选用的是国家标准图，如图 1-5 所示。

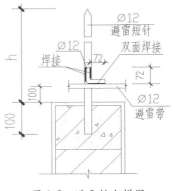

图 1-5 避雷针大样图

1.2 电气图形符号的构成和分类

电气符号主要用于图样或者其他文件来表示一个设备或概念的图形、标记或者字符。在电气图中用以表示电气元器件、设备及线路等的图形符号称为电气符号。下面将简单介绍这些符号的形式、名称以及相互间的关系。

1.2.1 常用电气符号

下面将以表格的形式罗列一些在电气工程图中常用的电气图形符号。电阻器、电容器、电感器以及变压器的电气符号，如表 1-1 所示。

表 1-1 电阻器、电容器、电感器以及变压器的电气符号

图形符号	名称与说明	图形符号	名称与说明
	电阻器一般符号		电感器、线圈、绕组或扼流图
	可变电阻器或可调电阻器		带磁芯、铁芯的电感器

续表

图形符号	名称与说明	图形符号	名称与说明
	滑动触点电阻器		带磁芯连续可调的电感器
	电容器		双绕组变压器
	可变电容器或可调电容器		在一个绕组上有抽头的变压器

半导体管的电气符号如表1-2所示。

表1-2　半导体管

图形符号	名称与说明	图形符号	名称与说明
	二极管		变容二极管
	可发光二极管		PNP型晶体三极管
	光电二极管		NPN型晶体三极管
	稳压二极管		全波桥式整流器

其他常用电气图形符号如表1-3所示。

表1-3　其他常用电气图形符号

图形符号	名称与说明	图形符号	名称与说明
	熔断器		导线的连接
	指示灯及信号灯		导线的不连接
	扬声器		动合（常开）触点开关
	蜂鸣器		动断（常闭）触点开关
	接地		手动开关

1.2.2　电气符号分类

在《电气图形符号总则》中，对各种电气符号的绘制做了详细的规定。按照规定，电气图形符号主要由以下 13 个部分组成。

1.　总则

包括《电气图形符号总则》的内容提要、名词术语、符号的绘制、编号的使用及其他规定。

2.　符号要素、限定符号和其他常用符号

包括轮廓和外壳、电流和电压种类、可变性、力或运动的方向、机械控制、接地和接地壳、理想电路元件等。

3.　导线和连接器件

包括电线，柔软导线、屏蔽导线或绞合导线，同轴导线；端子，导线连接；插头和插座；电缆密封终端头等。

4.　无源元件

包括电阻、电容、电感器；铁氧体磁芯、磁存储器矩阵；压电晶体、驻极体、延迟线等。

5.　半导体和电子管

包括二极管、三极管、晶体闸流管；电子管；辐射探测器件等。

6.　电能的发生与转换

包括绕组；发电机、电动机；变压器；变流器等。

7.　开关、控制和保护装置

包括触点；开关、热敏开关、接近开关、接触开关；开关装置和控制装置；启动器；有或无继电器；测量继电器；熔断器、间隙、避雷器等。

8.　测量仪表、灯和信号器件

包括指示、计算和记录仪表；热电耦；遥测装置；电钟；位置和压力传感器；灯；喇叭和铃等。

9.　电信交换和外围设备

包括交换系统和选择器；电话机；电报和数据处理设备；传真机、换能器、记录和播放机等。

10.　电信传输

包括通信电路；天线、无线电台；单端口、双端口或多端口波导管器件、微波激射器、激光器、信号发生器、调制器、解调器、光纤传输线路器件等。

11.　建筑安装平面布置图

包括发电站、变电所；网络、音响和电视的分配系统；建筑用设备；露天设备；防雷设备等。

12. 二进制逻辑元件

包括计数器和存储器等。

13. 模拟元件

包括放大器、函数器、电子开关等。

1.3 电气工程图的基本表示方法

在电气工程图中，各元件、设备、线路及安装方法都是以文字符号和项目符号的形式出现的。下面介绍电气工程图的表示方式。

1.3.1 线路表示方法

在电气工程图中，线路的表示方式可分为：多线表示法、单线表示法以及混合表示法。

1. 多线表示法

每根连接线或导线各用一条图线表示的方法。该方法能详细地表达各项或各线的内容，尤其在各项各线内容不对称的情况下采用此法，如图 1-6 所示。

2. 单线表示法

在电气工程图中，两根或两根以上的连接线或导线，只用一条图线表示的方法。该方法适用于三相或多线基本对称的情况，如图 1-7 所示。

3. 混合表示法

在电气工程图中，一部分用单线表示，一部分用多线表示的方法。该方法兼有单线表示法简洁精炼的特点，又兼有多线表示法能精确、充分地描述对象的优点。

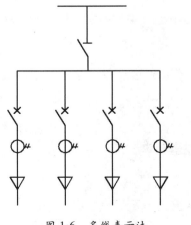

图 1-6　多线表示法

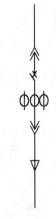

图 1-7　单线表示法

1.3.2　电气元件表示方法

电气元件表示方法分为集中表示法、半集中表示法和分开表示法等。

1．集中表示法

将设备或成套装置中一个项目各组成部分的图形符号在简图上绘制在一起的方法。该方法适用于简单的图。各组成部分用机械连接线（虚线）互相连接起来，连接线必须为直线。

2．半集中表示法

为了使设备和装置的电路布局清晰，易于识别，将一个项目中某些部分的图形符号，在简图上分开布置，并用机械连接符号表示它们之间关系的方法。机械连接线可以弯折、分支和交叉。

3．分开表示法

为了使设备和装置的电路布局清晰，易于识别，将一个项目中某些部分的图形符号，在简图上分开布置，并仅用项目代号表示它们之间关系的方法。 分开表示法与采用集中表示法或半集中表示法的图给出的信息量要求等量。

1.4　电子工程 CAD 制图规范

电气工程图是一种专业性很强的技术图纸。在绘制时，必须遵照《电气制图国家标准 GB/T6988》《电气设备用图形符号国家标准》等相关规则进行绘制。下面将介绍电气制图的相关规则。

1.4.1　图纸格式和幅面尺寸

图幅是指图纸幅面的大小，所有绘制的图形都必须在图框内。GB/T18135—2000《电气工程CAD 制图规则》包含了电气工程制图图纸幅面及格式的相关规定，绘制电气工程图纸时必须遵照此标准。

1．图纸幅面

电气工程图纸采用的幅面有 A0、A1、A2、A3、A4 五种。绘制时，应该优先采用表 1-4 中所规定的图纸基本幅面。必要时，可以使用加长幅面。加长幅面的尺寸，按选用的基本幅面大一号的幅面尺寸来确定。

表 1-4　图纸幅面及图纸尺寸

幅面代号	A0	A1	A2	A3	A4
B × L	841 × 1189	594 × 841	420 × 594	297 × 420	210 × 297
E	20		10		

幅面代号	A0	A1	A2	A3	A4
C	10			5	
A	25				

2. 图框

图纸既可以横放也可以竖放。图纸四周要画出图框，以留出周边。图框分需要留装订边的图框和不留装订边的图框。留有装订边图样的图框格式如图 1-8 所示。不留装订边图样的图框格式如图 1-9 所示。

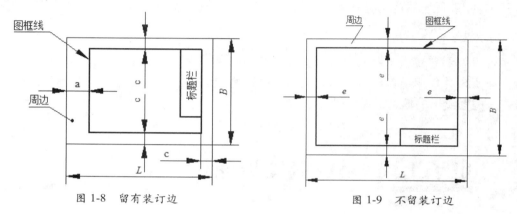

图 1-8　留有装订边　　　　　　　图 1-9　不留装订边

1.4.2　图线、字体格式

在电气工程图中，其图线、文字格式也需要按照规则进行设置。

1. 图线

根据国标规定，在电气工程图中常用的线型有实线、虚线、点画线、双点画线、波浪线、双折线等，部分线型的代号、形式及名称如表 1-5 所示。

表 1-5　图线类型

名　称	形　式	图线应用
粗实线	▬▬▬▬▬	电气线路、一次线路
细实线	————	二次线路、一般线路
虚线	– – – – –	屏蔽线、机械连线
点画线	— · — · —	控制线、信号线、边界线
双点画线	— ·· — ·· —	辅助边界线、36V 以下线路
双折线	⧸⋁⋁⧹	视图与剖视的分界线
折断线	⟋⟍	断开处的边界线

2. 文字

在使用 AutoCAD 软件绘制电气工程图时，添加的文字一般选用系统所带的 TrueType "仿宋 _GB2312" 字体。在标注文字时，文字高度一般选择：1.5、3.5、5、7、10、14、20，字符的宽高比约 0.7，各行文字间的行距不小于 1.5 倍，如表 1-6 所示。

表 1-6　文本类型

文本类型	中文		字母和数字	
	字　高	字　宽	字　高	字　宽
标题栏图名	7~10	5~7	5~7	3.5~5
图形图名	7	5	5	3.5
说明抬头	7	5	5	3.5
说明条文	5	3.5	3.5	1.5
图形文字标注	5	3.5	3.5	1.5
图号及日期	5	3.5	3.5	1.5

1.4.3　箭头与指引线

在电气制图中，箭头的格式有两种，分别为开口箭头和实心箭头。开口箭头用来表示能量或信号的传播方向，而实心箭头用于表示指向连接线等对象的指引线，如图 1-10、图 1-11 所示。

图 1-10　开口箭头　　　　　　　　　　　　图 1-11　实心箭头

指引线用于指示电气图中的注释对象。指引线一般为细实线，指向被注释处，并在其末端加注不同的标记。

1.4.4　导线连接形式表示方式

导线连接有 "T" 形连接和 "十" 形连接两种形式。T 形连接可加实心圆点，也可不加，如图 1-12 所示。而 "十" 形连接表示两导线相交时必须加实心圆点；表示交叉而不连接的两导线，在交叉处不加实心圆点，如图 1-13 所示。

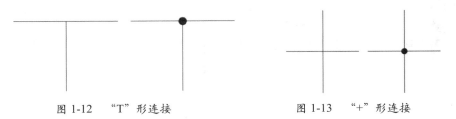

图 1-12　"T" 形连接　　　　　　　　　　　图 1-13　"+" 形连接

1.4.5 元件放置规则

绘制电气元件布置图时，需要注意以下几个方面。

● 要考虑元件的体积和重量，体积大、重量大的元件应安装在安装板下方。发热元件应安装在上部，以利于散热。

● 强电和弱电要分开，同时应注意弱电的屏蔽问题和强电的干扰问题。

● 要考虑到今后维护和维修的方便性。

● 要考虑制造和安装的工艺性、外形的美观、结构的整齐、操作人员的方便性等。

● 要考虑元件之间的走线空间以及布线的整齐性等。

1.5 认识 AutoCAD 2016

AutoCAD 是目前绘图软件中应用范围最广的，它常应用于建筑、机械、电子电气、化工等专业领域，该软件能够精确地绘制并标注二维图形。下面将对 AutoCAD 2016 软件的一些新特性及工作界面进行介绍。

1.5.1 AutoCAD 2016 新特性

AutoCAD 2016 是迄今为止最先进的版本，而该版本在老版本的基础上又增添了不少实用的功能，例如智能标注、云线功能、捕捉几何中心、尺寸标注文字设置等。

1. 智能标注

在 AutoCAD 2016 版本中，用户可使用一种标注命令标注所有类型的图形。在"注释"选项卡的"标注"面板中，单击"标注"按钮，系统会自动根据选择的图形类别进行标注，如图 1-14 所示。

2. 云线功能

在 AutoCAD 2016 版本中，可根据绘图需要来选择执行"矩形"云线、"多边形"云线或"徒手画"云线命令，用户只需在"绘图"面板中单击"修订云线"下拉按钮，在打开的列表中选择合适的命令即可，如图 1-15 所示。

图 1-14　智能标注

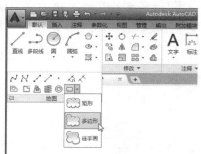

图 1-15　修订云线

3. 捕捉几何中心

在使用旧版本捕捉某个多边形的中心时，需要在多边形中绘制辅助线才能捕捉到中心点。而在 AutoCAD 2016 版本中，用户只需用右键单击状态栏中的"对象捕捉"按钮，在打开的快捷列表中勾选"几何中心"选项，或在"草图设置"对话框中，勾选"几何中心"选项即可，如图1-16、图 1-17 所示。

图 1-16　使用右键设置

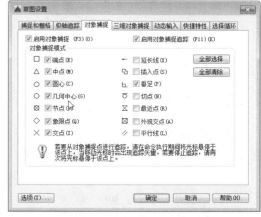

图 1-17　使用"草图设置"对话框

选择完成后，执行任意绘图命令，此时在多边形中心位置会显示其几何中心标记，如图1-18所示，用户可捕捉该中心点完成图形的绘制操作，如图1-19所示。

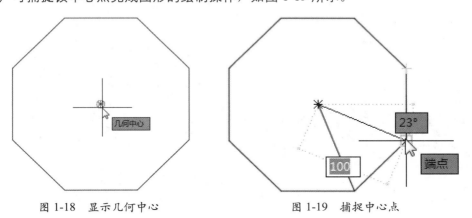

图 1-18　显示几何中心　　　　　图 1-19　捕捉中心点

4. 尺寸标注文字设置

在之前的版本中，用户只局限在编辑尺寸标注的内容上，无法对内容的宽度进行设置。而在 AutoCAD 2016 版本中，用户既可更改标注内容，也可利用文字编辑器来调整其宽度。在命令行中输入 DimtxTruler 命令后，按回车键确认，将其系统变量参数设为 1，其后双击尺寸标注文本内容，系统会自动打开文字编辑器，在此拖动调节按钮即可，如图1-20、图1-21所示。

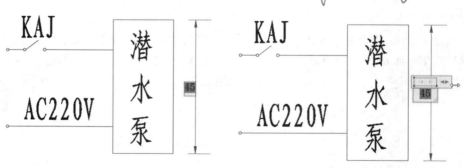

图 1-20　旧版本编辑尺寸标注　　　　　图 1-21　新版本编辑尺寸标注

1.5.2　AutoCAD 2016 启动与退出

　　成功安装 AutoCAD 2016 软件后，系统会在桌面创建 AutoCAD 2016 的快捷启动图标，并在程序文件夹中创建 Autodesk 程序组。用户可以通过下列方式启动 AutoCAD 2016 应用程序。

- 执行"开始"→"所有程序"→ Autodesk → AutoCAD 2016- 简体中文→ AutoCAD 2016- 简体中文（Simplified Chinese）命令。
- 双击桌面上的 AutoCAD 2016 快捷启动图标。
- 双击任意一个 AutoCAD 2016 图形文件。

　　保存图纸后，单击窗口右上角"关闭"按钮即可退出软件，如图 1-22 所示。用户也可单击窗口左上角的"菜单浏览器"按钮，在打开的应用程序菜单中，单击"退出 Autodesk AutoCAD 2016"按钮即可退出，如图 1-23 所示。

图 1-22　单击"关闭"按钮退出

图 1-23　单击相关按钮退出

1.5.3　AutoCAD 2016 工作界面

　　启动 AutoCAD 2016 软件即可进入其工作界面，如图 1-24 所示。

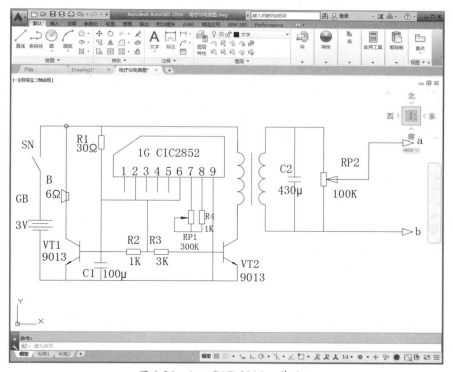

图 1-24　AutoCAD 2016 工作界面

1."菜单浏览器"按钮

"菜单浏览器"按钮是提供快速的文件管理与图形发布,以及选项设置的快捷路径方式。单击界面左上角"菜单浏览器"按钮▲,在打开的应用程序菜单中,用户可对图形进行新建、打开、保存、输出、发布、打印图形实用工具及关闭操作,如图 1-25 所示。

在该菜单中,若选择带有"▶"符号的命令选项,则说明该命令带有级联菜单,如图 1-26 所示。当命令以灰色显示,则表示命令不可用。

图 1-25　菜单列表

图 1-26　级联菜单

2. 快速访问工具栏

快速访问工具栏位于操作界面左上方，该工具栏放置了一些常用命令的快捷方式，例如"新建""打开""保存""另存为""打印及放弃"等。在快速访问工具栏中添加"工作空间"快捷方式，单击"工作空间"下拉按钮，即可在下拉菜单中，选择所需绘图环境选项，如图 1-27 所示。

图 1-27　快速访问工具栏

3. 标题栏

标题栏位于工作界面的顶端。标题栏从左向右依次显示的是"菜单浏览器"按钮、快速访问工具栏、当前运行程序的名称和文件名、"搜索"Autodesk A360 Autodesk Exchange 应用程序"保持连接""帮助"以及窗口控制按钮。

4. 菜单栏

菜单栏位于标题栏下方，功能区上方。在默认情况下，菜单栏处于隐藏状态，用户只需在标题栏中单击"自定义快速访问工具栏▅"按钮，在打开的下拉列表中，选择"显示菜单栏"选项即可显示，如图 1-28 所示。

在菜单栏中包括"文件""编辑""视图""插入""格式""工具""绘图""标注""修改""参数""窗口""帮助"12 个主菜单。单击任意菜单按钮，即可打开相应的菜单列表，用户可根据需要进行选择操作，如图 1-29 所示。

图 1-28　显示菜单栏操作

图 1-29　格式菜单列表

5. 功能区

功能区位于菜单栏下方，绘图区上方，它集中了 AutoCAD 软件的所有绘图命令选项。分为"默认""插入""注释""参数化""视图""管理""输出""附加模块"、A 360、"精选应用"BIM360 以及 Performance12 个选项卡。单击其中任意选项卡，则会在其下方显示该选项板中包含的所有面板。用户可在面板中选择所需执行的操作命令，如图 1-30 所示。

图 1-30　功能区

6. 文件选项卡

文件选项卡位于功能区下方，绘图区上方，如图 1-31 所示。它是以文件打开的顺序来显示的。拖动选项卡至满意位置，则可更改文件的顺序。若在该选项卡中没有足够的空间显示所有的图形文件，则会在其右端出现浮动菜单以供选择。

图 1-31　文件选项卡

7. 绘图区

绘图区是用户绘图的主要工作区域，它占据了屏幕绝大部分空间，所有图形的绘制都是在该区域完成的。绘图区的左下方为坐标系；左上方显示当前视图的名称及显示模式；而在右侧则显示三维视图导航及缩放快捷工具栏，如图 1-32 所示。

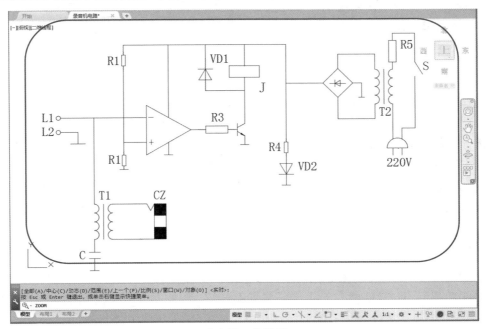

图 1-32　绘图区

知识拓展

在制图过程中，如果想扩大绘图区域，可关闭功能区和文件选项卡。单击三次功能区中"最小化"按钮即可关闭功能区。

8. 命令行

命令行在默认情况下位于绘图区下方，当然也可根据需要将其移至其他位置，主要用于输入系统命令或显示命令，以提示信息，如图 1-33 所示。

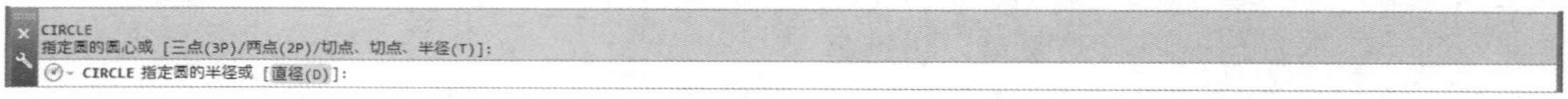

图 1-33 命令行

9. 状态栏

状态栏在命令行下方，位于操作界面最底端，主要用于显示当前用户的工作状态。在状态栏左侧显示"模型""布局 1""布局 2"选项卡，而在状态栏右侧显示一些绘图辅助工具，如"栅格显示""捕捉模式""正交限制光标""极轴追踪""对象捕捉"视图显示属性等，如图 1-34 所示。

图 1-34 状态栏

10. 快捷菜单

一般情况下快捷菜单是隐藏的，在绘图窗口区单击鼠标右键即可弹出该菜单。在无操作状态下单击鼠标右键弹出的快捷菜单，与在操作状态下单击鼠标右键弹出的快捷菜单是不同的，如图 1-35 所示为无操作状态下的快捷菜单。

11. 工具选项板

工具选项板为用户提供组织、共享和放置块及填充图案选项卡，如图 1-36 所示。用户可以通过以下方式打开或关闭工具选项板。

- 执行"工具"→"选项板"→"工具选项板"命令。
- 单击"视图"选项卡下"选项板"面板中的"工具选项板"按钮。

单击工具选项板窗口右上角的"特性"按钮，将会显示特性菜单，从中可以对工具选项板进行移动、改变大小、自动隐藏、设置透明度、重命名等操作，如图 1-37 所示。

绘图技巧

在绘图过程中，用户可将绘图区上方的"文件选项卡"隐藏。其方法为：在"视图"选项卡的"界面"面板中，单击"文件选项卡"按钮，即可隐藏文件选项卡。用户也可用鼠标右键单击绘图区空白处，在快捷菜单中选择"选项"，在"选项"对话框的"显示"选项卡中，取消勾选"显示文件选项卡"复选框，单击"确定"按钮即可隐藏文件选项卡。

图 1-35　无操作状态下的快捷菜单

图 1-36　工具选项板

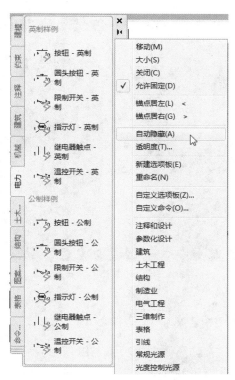

图 1-37　特性菜单

1.6　图形文件的管理

在 AutoCAD 软件中，用户可使用多种方法进行文件的新建、打开或保存操作。下面将介绍其具体方法。

1.6.1　新建图形文件

启动 AutoCAD 后，在打开的"开始"界面中，单击"开始绘制"按钮，即可新建一个空白图形文件，如图 1-38 所示。

除了以上操作外，用户还可通过以下几种方法来新建图形文件。

- 执行"文件"→"新建"命令。
- 单击"菜单浏览器"按钮 🅰，在打开的菜单中执行"新建"→"图形"命令。
- 单击快速访问工具栏中的"新建"按钮 🗋。
- 单击"文件选项卡"中的"新图形"按钮 ➕。
- 在命令行中输入 NEW 命令并按回车键。

执行以上任意操作后，系统将打开"选择样板"对话框，从文件列表中选择需要的样板文件，单击"打开"按钮即可创建新的图形文件，如图 1-39 所示。

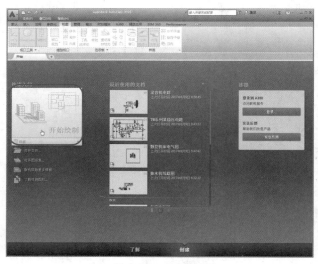

图 1-38　开始绘制

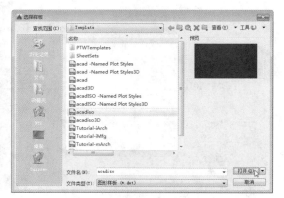

图 1-39　选择样板文件

1.6.2　打开图形文件

启动 AutoCAD 后，在打开的"开始"界面中，单击"打开文件"选项按钮，在"选择文件"对话框中，选择所需图形文件即可打开。用户还可通过以下几种方式打开已有的图形文件。

- 执行"文件"→"打开"命令。
- 单击"菜单浏览器"按钮 ，在打开的菜单中执行"打开"→"图形"命令。
- 单击快速访问工具栏中的"打开"按钮 。
- 在命令行中输入 OPEN 命令并按回车键。

执行以上任意操作后，系统将打开"选择文件"对话框，在此选择所需的图形文件，单击"打开"按钮即可，如图 1-40 所示。

在"选择文件"对话框中选中要打开的图形文件，单击下拉按钮，在打开的下拉列表中，用户还可根据需要选择打开的方式，例如"以只读方式打开""局部打开"或"以只读方式局部打开"，如图 1-41 所示。

图 1-40　打开文件

图 1-41　选择打开方式

1.6.3　保存图形文件

在 AutoCAD 中，保存图形文件的方法有两种，分别为"保存"和"另存为"。对于新建的文件，在文件选项卡中，选择要保存的图形文件，单击鼠标右键，在快捷菜单中选择"保存"选项，即可将文件保存，如图 1-42 所示。如果要进行文件另存为操作，可在快捷菜单中选择"另存为"选项，在打开的"图形另存为"对话框中，指定文件的名称和保存路径后单击"保存"按钮，即可将文件进行保存，如图 1-43 所示。

图 1-42　选择"另存为"选项　　　　　图 1-43　保存文件

对于已经存在的图形文件再改动后的保存，只需按 Ctrl+S 快捷键即可快速保存。用户也可在软件图标下拉菜单中，单击"保存"按钮来替换之前的图形文件。

1.6.4　关闭图形文件

在 AutoCAD 中，用户可通过以下方法关闭文件。

● 执行"文件"→"关闭"命令即可关闭当前图形文件。

● 在文件选项卡中选择要关闭的文件，单击"关闭"按钮 ✕，或单击鼠标右键，选择"关闭"选项即可。

● 单击"菜单浏览器"按钮 ▲，在打开的应用程序菜单中，选择"关闭"选项，或在其级联菜单中，根据需要选择"当前图形"或"所有图形"选项。

● 在命令行中输入 CLOSE 命令并按回车键。

关闭文件时，如果当前图形文件修改后没有再次保存，系统将打开命令提示框，单击"是"按钮即可保存当前文件；若单击"否"按钮，则可取消保存，并关闭当前文件。

实战——快速打开指定的图形文件

在 AutoCAD 中，使用"查找"功能可以快速地打开指定文件。下面将以打开"单片机线路图"图形文件为例，来介绍查找功能的相关操作。

Step 01 启动 AutoCAD 2016 软件，打开"开始"界面。选择"打开文件"选项，打开"选择文件"对话框，单击"工具"下拉按钮，选择"查找"选项，如图 1-44 所示。

Step 02 在"查找"对话框中，输入所需文件的名称或关键字，然后设置其类型及查找范围，单击"开始查找"按钮，如图 1-45 所示。

图 1-44　启动"查找"功能　　　　　　　　　图 1-45　设置查找内容

Step 03 稍等片刻，系统会显示查找的结果，如图 1-46 所示。双击所需文件，系统会自动打开"选择文件"对话框，选中该文件，单击"打开"按钮即可，如图 1-47 所示。

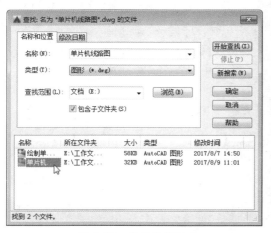

图 1-46　查找结果列表　　　　　　　　　　图 1-47　打开文件

1.7　设置绘图环境

在 AutoCAD 中，用户可根据绘图习惯，对当前绘图环境进行设置，以便于以后的绘图操作。

1.7.1　设置图形界限

在绘制图形之前，需要对图形的界限进行设置。在 AutoCAD 中，用户可通过以下方法为绘图区设置指定的边界。

- 执行"格式"→"图形界限"命令。
- 在命令行中输入 LIMITS 命令并按回车键。

执行以上任意操作后，用户可根据命令行中的提示信息来设置。

命令行提示如下。

```
命令: '_limits
重新设置模型空间界限:
指定左下角点或 [开(ON)/关(OFF)] <0.0000,0.0000>:       (按回车键)
指定右上角点 <420.0000,297.0000>:                  (输入边界数据，数据之间用逗号隔开)
```

1.7.2　设置绘图单位

在绘图之前，进行绘图单位的设置是很有必要的。各个行业领域的绘图规范不同，对图形单位的设置要求也不同。

执行"格式"→"单位"命令，打开"图形单位"对话框，根据需要设置"长度""角度"以及"插入时的缩放单位"选项，如图 1-48、图 1-49 所示。在命令行中输入"UNITS"命令，并按回车键，同样可打开"图形单位"对话框。

图 1-48　启动命令

图 1-49　设置参数

1.7.3　设置绘图比例

设置绘图比例的关键在于根据图纸单位来指定合适的绘图比例，其关系着所绘制图形的精确度。执行"格式"→"比例缩放列表"命令，打开"编辑图形比例"对话框，在"比例列表"中选择所需的比例值，单击"确定"按钮即可，如图 1-50 所示。

如果比例列表中没有需要的比例值，需单击"添加"按钮，在"添加比例"对话框的"显示在比例列表中的名称"文本框中，输入需要的比例值，并设置好"图纸单位"和"图形单位"数值，单击"确定"按钮，如图 1-51 所示。返回到上一层对话框，在"比例列表"中选择添加的比例值，单击"确定"按钮即可。

图 1-50　选择比例值

图 1-51　添加比例值

1.7.4　设置系统选项参数

在绘图前，用户可对系统的一些基本参数进行设置，以提高制图效率。

单击"菜单浏览器"按钮，在打开的菜单中，单击"选项"按钮，在"选项"对话框中，用户可对所需参数进行设置，如图 1-52 所示。

图 1-52　"选项"对话框

下面将对"选项"对话框中的常用选项卡进行说明。

● 文件：该选项卡用于确定系统搜索支持文件、驱动程序文件、菜单文件和其他文件。

● 显示：该选项卡用于设置窗口元素、显示精度、显示性能、十字光标大小和参照编辑的颜色等参数。

● 打印和保存：该选项卡用于设置系统保存文件类型、自动保存文件的时间及维护日志等参数。

● 用户系统配置：该选项卡用于设置系统的相关选项，其中包括"window 标准操作""插入比例""坐标数据输入的优先级""关联标注""超链接"等参数。

● 绘图：该选项卡用于设置绘图对象的相关操作，例如"自动捕捉""捕捉标记大小""AutoTrack 设置"以及"靶框大小"等参数。

实战——更改绘图区背景颜色

系统默认的绘图区背景色为黑色，用户可根据喜好更改其颜色。具体操作如下。

Step 01 双击打开"变电工程图"素材文件。单击"菜单浏览器"按钮，在打开的菜单列表中，单击"选项"按钮，如图 1-53 所示。

Step 02 在"选项"对话框的"显示"选项卡上单击"配色方案"下拉按钮，选择"明"选项，如图 1-54 所示。

图 1-53 启动"选项"对话框

图 1-54 设置配色方案

Step 03 在该对话框中，单击"颜色"按钮，打开"图形窗口颜色"对话框。在"上下文"列表中选择"二维模型空间"，在"界面元素"列表中选择"统一背景"，然后单击"颜色"下拉按钮，选择"白"选项，如图 1-55 所示。

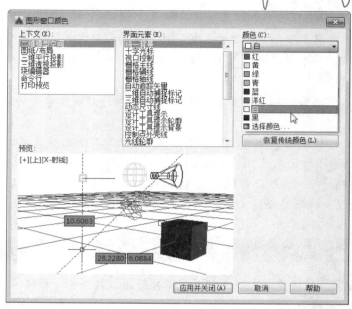

图 1-55　设置颜色参数

Step 04 设置完成后，单击"应用并关闭"按钮，返回上一层对话框，再单击"确定"按钮，关闭对话框。此时绘图区背景已变成白色，如图 1-55 所示。

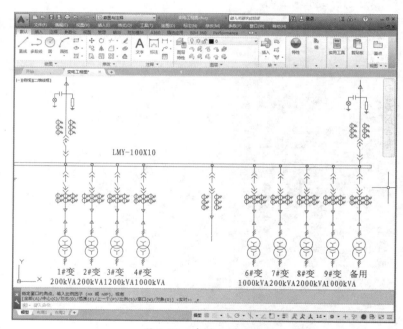

图 1-56　查看设置结果

综合演练　自定义电气绘图样板文件

实例路径：实例 \CH01\ 综合演练 \ 自定义电气绘图样板文件 .dwt
视频路径：视频 \CH01\ 自定义电气绘图样板文件 .avi

在学习了本章知识内容后，接下来通过具体案例来巩固所学知识。本案例运用的知识点有：

绘图单位设置、图形界限的设置、"选项"参数的设置、样板文件保存设置等。

Step 01 启动并创建新空白文件。在状态栏中单击"显示图形栅格"按钮▦，将栅格隐藏。

Step 02 执行"格式"→"单位"命令，打开"图形单位"对话框，将"精度"设为 0，其他参数保持默认，单击"确定"按钮，完成绘图单位的设置，如图 1-57 所示。

Step 03 执行"格式"→"图形界限"命令，根据命令行提示，将图形界限设为 2970×2100mm。
命令行提示如下。

```
命令： '_limits
重新设置模型空间界限：
指定左下角点或 [开(ON)/关(OFF)] <0,0>：0,0            （输入0,0）
指定右上角点 <420,297>：297,210                    （输入界限尺寸，297,210）
```

📖 **绘图技巧**

在命令行中，输入角点位置或尺寸参数时，一定要用逗号隔开，否则会造成输入错误。

Step 04 右击绘图区空白处，在打开的快捷菜单中，选择"选项"，在"选项"对话框的"显示"选项卡中，取消勾选"显示文件选项卡"复选框。然后在"十字光标大小"选项组中，设置光标大小为 100，如图 1-58 所示。

图 1-57　设置单位

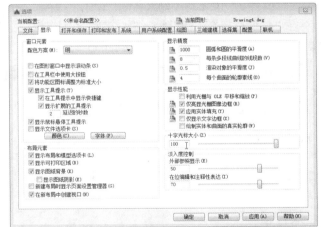

图 1-58　设置参数选项

Step 05 单击"确定"按钮，此时文件选项卡将被隐藏。双击功能区右侧三角按钮▾，可将功能区隐藏，如图 1-59 所示。

图 1-59　隐藏功能区

Step 06 单击"菜单浏览器"按钮，在打开的菜单列表中，选择"另存为"选项，打开"图形另存为"对话框，如图 1-60 所示。

Step 07 在该对话框中，单击"文件类型"下拉按钮，选择"AutoCAD 图形样板（*.dwt）"选项，如图 1-61所示。

图 1-60　选择另存为

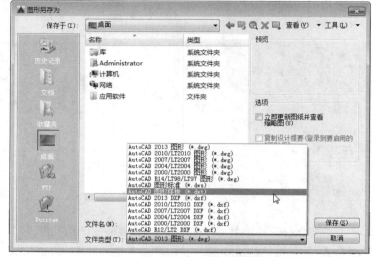

图 1-61　选择样板文件

Step 08 在"文件名"文本框中输入名称，单击"保存"按钮，如图 1-62 所示。

Step 09 在"样板选项"对话框中，用户可对 "测量单位"以及"新图层通知"参数进行设置，这里保持默认参数，单击"确定"按钮，如图 1-63 所示

图 1-62　输入文件名

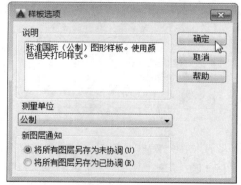

图 1-63　设置样板选项

Step 10 再次启动 AutoCAD 2016 软件，单击"菜单浏览器"按钮，在打开的菜单列表中，选择"新建"选项，在"选择样板"对话框中，选择刚保存好的样板文件，单击"打开"按钮即可，如图 1-64 所示。

Step 11 若想删除样板文件，在"选择样板"对话框中，右击要删除的样板文件，在快捷菜单中选择"删除"选项即可，如图 1-65 所示。

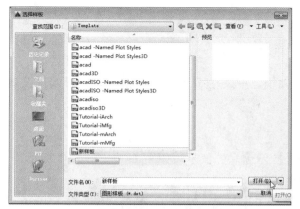

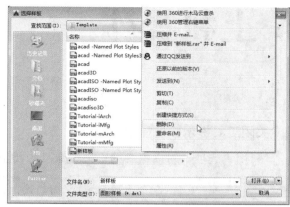

图 1-64 打开保存后的样板文件   图 1-65 删除样板文件

上机操作

为了让读者能够更好地掌握本章所学习到的知识，在本小节列举几个拓展案例，以供读者练习。

1. 关闭工具提示信息显示

利用"选项"对话框中的相关参数，关闭工具提示信息的显示，如图1-66、图1-67所示。

图1-66　显示提示信息

图1-67　关闭提示信息

⚠️ **操作提示：**

Step 01 打开"选项"对话框，切换到"显示"选项卡。

Step 02 在"窗口元素"选项组中，取消勾选"显示工具提示"复选框。

Step 03 单击"确定"按钮，关闭对话框，完成设置操作。

2. 以"只读"方式打开电气图纸文件

利用"选择文件"对话框，以"只读方式打开"电气图纸，如图1-68所示。

图1-68　以只读方式打开

⚠️ **操作提示：**

Step 01 执行"文件"→"打开"命令。

Step 02 打开"选择文件"对话框，选中要打开的文件。

Step 03 单击"打开"下拉按钮，选择"以只读方式打开"选项即可。

第 **2** 章

使用辅助工具绘制电气图形

本章将介绍 AutoCAD 软件中辅助绘图工具的使用方法，其中包括选择图形的方式、缩放视图、平移视图、捕捉工具、夹点工具等。了解并熟练应用这些辅助绘图工具，可为绘制图形打下良好的基础，提高工作效率。

知识要点

▲ 图形的选择方式　　　　　▲ 夹点工具的使用

▲ 视图的显示控制　　　　　▲ 查询功能的使用

▲ 捕捉工具的使用　　　　　▲ 图层的设置与管理

2.1　图形的选择方式

在 AutoCAD 中，图形的选取方式有多种，例如点选、框选、套索选取、栏选等，用户可根据实际情况选择合适的选取方式进行操作。下面将对图形的选取方式进行介绍。

1. 点选图形方式

点选的方法较为简单，用户只需直接单击图形对象即可。当图形被选中后，将会显示该图形的夹点。若要选择多个图形，则只需单击其他图形即可，如图 2-1、图 2-2 所示。

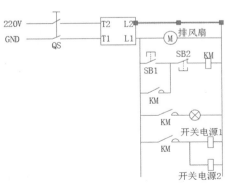

图 2-1　选择单个图形

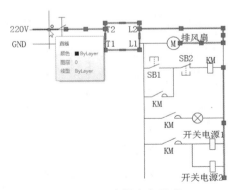

图 2-2　选择多个图形

在选取多个图形的同时，光标右上方会显示"＋"号，这表示为多选状态。如果误操作选错了图形，可在按住 Shift 键的同时单击错选的图形，即可取消选择。此时光标右上方会显示"－"号，这表示为减选状态。

2. 框选图形方式

在选择大量图形时，使用框选方式较为合适。选择图形时，只需在绘图区中指定框选起点，再移动光标至合适位置，如图 2-3 所示。此时在绘图区中会显示矩形窗口，而在该窗口内的图形将被选中，框选完成后单击鼠标左键即可，如图 2-4 所示。

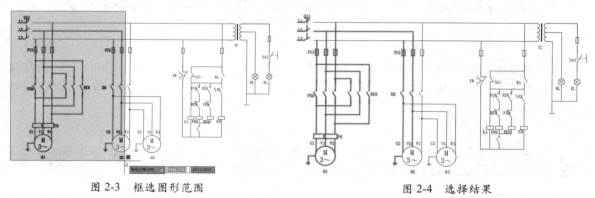

图 2-3　框选图形范围　　　　　　　　　　图 2-4　选择结果

框选的方式分为两种，一种是从左至右选择，另一种则是从右至左选择。使用这两种方式都可进行图形的选择。

● 从左至右框选，称为窗口选择，全部位于矩形窗口内的图形将被选中，与窗口相交以及窗口外的图形将不能被选中。

● 从右至左框选，称为窗交选择，其操作方法与窗口选择相似，它同样也可创建矩形窗口，并选中窗口内所有图形，而与窗口方式不同的是，在进行框选时，与矩形窗口相交的图形也可被选中，如图 2-5、图 2-6 所示。

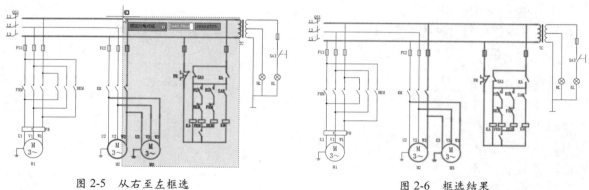

图 2-5　从右至左框选　　　　　　　　　　图 2-6　框选结果

3. 套索选取方式

使用套索选取方式来选择图形，其灵活性较大，可通过不规则图形围选所需选择图形。在选择图形时，按住鼠标左键不放，拖动光标至满意位置，如图 2-7 所示。放开鼠标后，所有在套索范围内的图形将被选中，如图 2-8 所示。

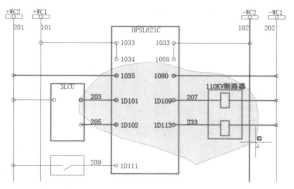

图 2-7　套索选取

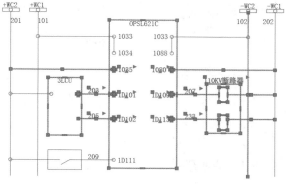

图 2-8　套索选取结果

4. 栏选图形方式

栏选方式是利用一条开放的多段线进行图形的选择，所有与该段线相交的图形都会被选中。在对复杂图形进行编辑时，使用栏选方式，可方便地选择连续的图形。用户只需在命令行中输入 F 命令并按回车键，即可选择图形，如图 2-9、图 2-10 所示。

命令行提示如下。

命令：指定对角点或 [栏选(F)/圈围(WP)/圈交(CP)]：f	（输入"F"，选择"栏选"选项）
指定下一个栏选点或 [放弃(U)]：	（选择下一个拾取点）

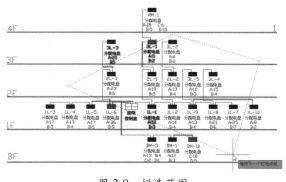

图 2-9　栏选范围

图 2-10　栏选结果

5. 其他选取方式

除了以上常用选取图形的方式外，还可以使用其他一些方式进行选取。例如"上一个""全部""多个""自动"等。用户只需在命令行中输入 SELECT 命令并按回车键，然后输入"？"，则可显示多种选取方式，此时用户根据需要进行选取操作即可。

命令行提示如下。

命令：SELECT
选择对象：？　　　　　　　　　　　　　　　　　（输入"？"）
无效选择
需要点或窗口(W)/上一个(L)/窗交(C)/框(BOX)/全部(ALL)/栏选(F)/圈围(WP)/圈交(CP)/编组(G)/

添加(A)/删除(R)/多个(M)/前一个(P)/放弃(U)/自动(AU)/单个(SI)/子对象(SU)/对象(O)
（选择所需选择的方式）

绘图技巧

在选择多个图形时，除了使用以上方法外，还可以使用快速选择的方法进行操作。在"默认"选项卡的"实用工具"面板中单击"快速选择"按钮，打开相应的对话框，在此，用户可根据需要，设置"对象类型""特性"以及"运算符"相应的参数，单击"确定"按钮完成操作。此时图形中凡是符合参数要求的图形都会被选中。

2.2 视图的显示控制

在绘制过程中，用户可对图形的显示状态进行控制，例如视图的缩放、平移等。下面将对其操作进行介绍。

1. 缩放视图

缩放视图可以扩大或缩小图形对象的屏幕显示尺寸，以便观察图形的整体结构和局部细节。缩放视图不改变对象的真实尺寸，只改变其显示比例。在 AutoCAD 软件中，系统提供了多种缩放类型，例如窗口缩放、实时缩放、动态缩放、中心缩放、全屏缩放等，用户可根据需要来选择缩放工具，如图 2-11、图 2-12 所示。

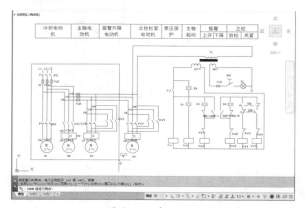

图 2-11　窗口缩放

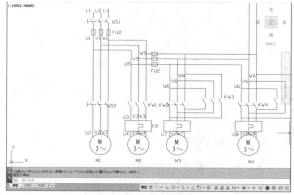

图 2-12　窗口缩放结果

在操作过程中，用户可通过以下方法来进行视图的缩放。

● 执行"视图"→"缩放"命令，并在其子命令菜单中根据需要选择缩放选项即可。
● 在绘图区右侧工具栏中单击"范围缩放"下拉按钮，在其下拉列表中选择缩放选项即可。
● 在命令行中输入 ZOOM 命令并按回车键，可根据需求选择相关缩放选项。
命令行提示信息说明如下。

命令：ZOOM
指定窗口的角点，输入比例因子 (nX 或 nXP)，或者
[全部(A)/中心(C)/动态(D)/范围(E)/上一个(P)/比例(S)/窗口(W)/对象(O)] <实时>：
指定对角点：

● 全部：在当前窗口中显示全部图形。如果绘制的图形超出了图形界限以外，则以图形的边界所包括的范围进行显示。

● 中心：以指定的点为中心进行缩放，然后相对于中心点指定比例缩放视图。

● 动态：对图形进行动态缩放。拖动鼠标缩放当前视区框，单击鼠标确定，按回车键即可将当前视区框内的图形以最大化显示。

● 范围：将当前窗口中的所有图形尽可能大地显示在屏幕上。

● 上一个：返回前一个视口。当使用其他选项对视图进行缩放后，需要使用前一个视图时，可直接选择此选项。

● 比例：根据输入的比例值缩放图形。

● 窗口：选择该选项后，可以使用鼠标指定一个矩形区域，在该范围内的图形对象将最大化地显示在绘图区。

● 对象：选择该选项后，再选择需要显示的图形对象，选择的图形对象将尽可能大地显示在屏幕上。

● 实时：该选项为默认选项，在命令行中输入 ZOOM 命令后，选择该选项，将在屏幕上出现一个 形状的光标，按住鼠标左键不放向上移动则放大视图，向下移动则缩小视图，按退出或回车键可以退出该命令。

在实际操作过程中，通常使用鼠标滚轮来进行缩放操作。将鼠标滚轮向上滚动时，则放大当前视图，向下滚动时，则缩小当前视图。双击鼠标滚轮，则全屏显示当前视图，该操作最为方便快捷。

2. 平移视图

在绘制图形的过程中，难免会对一些大尺寸图形的某个局部进行处理，此时除了使用视图的缩放功能外，还需使用平移功能，这样才能既快又好地完成绘制操作。在 AutoCAD 中，用户可通过以下方式执行"平移"命令来查看图形。

● 执行"视图"→"平移"命令，在其子命令菜单中选择满意的平移类型即可。

● 在绘图区右侧工具栏中单击"平移"按钮 即可。

● 在命令行中输入 P 命令并按回车键。

用户还可直接按住鼠标滚轮，当光标呈手型 状态时，拖动鼠标至满意位置，放开鼠标滚轮即可。

2.3 捕捉工具的使用

通常为了更为精确地绘制图形，就需要使用捕捉功能。在 AutoCAD 软件中，捕捉功能主要包括极轴追踪、对象捕捉和正交模式等，下面将对几个常用的捕捉功能进行介绍。

2.3.1 极轴追踪

在 AutoCAD 中，使用极轴追踪功能可快速地按照指定角度绘制线段。用户可以通过以下方法启动极轴追踪功能。

● 在状态栏中，单击"按指定角度限制光标"按钮 ⟨ 即可启动。

● 右击"按指定角度限制光标"按钮，在快捷菜单中，选择"正在追踪设置"选项，其后在"草图设置"对话框中，勾选"启用极轴追踪"复选框，如图 2-13 所示。在该对话框中，用户可对极轴角度进行设置。

● 按 F10 键进行切换。

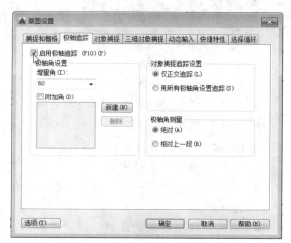

图 2-13　启用极轴追踪功能

2.3.2 对象捕捉

对象捕捉是 AutoCAD 中使用最频繁，也是最为重要的工具之一。它是通过已存在的实体对象的特殊点或特殊位置来确定点的位置。对象捕捉有两种：临时对象捕捉和自动对象捕捉。临时对象捕捉是通过"对象捕捉"工具栏来实现的。执行"工具"→"工具栏"→"AutoCAD"→"对象捕捉"菜单命令即可打开"对象捕捉"工具栏，如图 2-14 所示。

图 2-14　"对象捕捉"工具栏

在该工具栏中，显示了 CAD 所有捕捉模式。较为常用的捕捉模式为：端点捕捉、中点捕捉、圆心捕捉、垂直捕捉、交点捕捉以及象限点捕捉等。

自动对象捕捉功能就是当用户将光标移至某一图形上时，系统会自动捕捉到该图形上最近的捕捉点，并显示出相应的标记。如果光标放在捕捉点上多停留一会儿，系统还会显示捕捉的提示。这样，在选点之前，就可以预览和确认捕捉点。

用户可通过以下方法打开或关闭对象捕捉模式。

● 单击状态栏中的"将光标捕捉到二维参照点"按钮 □ ，即可启动。

● 右击"将光标捕捉到二维参照点"按钮，其后选择"对象捕捉设置"选项，在"草图设置"对话框中，勾选"启用对象捕捉"复选框，如图 2-15 所示，反之则取消捕捉功能。

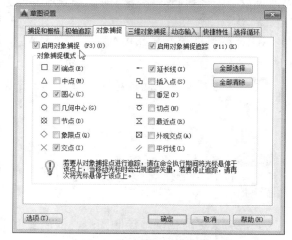

图 2-15　启用对象捕捉功能

● 按 F3 键进行切换。

在"草图设置"对话框的"对象捕捉"选项卡中，用户可根据绘制需求，勾选所需捕捉的模式设置。

2.3.3 正交模式

正交模式是在任意角度和直角之间进行切换，在约束线段为水平或垂直时可以使用正交模式。正交模式只能沿水平或垂直方向移动，取消该模式则可沿任意角度进行绘制。用户可通过以下方法打开或关闭正交模式。

● 在状态栏中，单击"正交限制光标"按钮 ᄂ 。
● 按 F8 键进行切换。

实战——绘制三极管电气符号

本例将以绘制三极管为例，介绍极轴追踪、对象捕捉以及正交模式等功能的使用方法。

Step 01 在"默认"选项卡的"绘图"面板中，单击"直线"按钮，根据命令行提示，在绘图区中指定线段的起始点，然后按 F8 功能键，启动正交模式，移动光标并在命令行中输入 100，如图 2-16 所示。按两次回车键，完成直线的绘制。

Step 02 在状态栏中，用鼠标右键单击"对象捕捉设置"按钮，在"草图设置"对话框的"对象捕捉"选项卡中，勾选如图 2-17 所示的复选框。

绘图技巧

在设置"对象捕捉"时，通常都会将所有的捕捉模式都勾选上，这样一来，反而增加了捕捉难度。因为在使用捕捉功能捕捉图形时，系统会根据设置的同时开启所有捕捉模式进行捕捉，此时捕捉模式开启的越多，就越难捕捉准确。所以在绘图时，只需开启最常用的几个捕捉模式就够，例如"端点""中点""圆心""几何中心""象限点""交点"以及"垂足"。

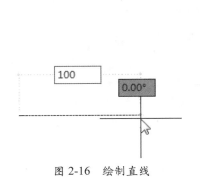

图 2-16 绘制直线

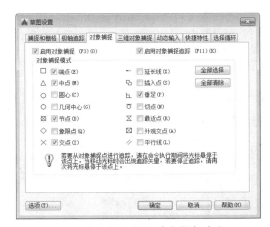

图 2-17 设置对象捕捉参数

Step 03 再次执行"直线"命令，捕捉刚绘制的直线中点为线段起点，向下移动鼠标并输入 60，按两次回车键，完成 线段的绘制操作，如图 2-18 所示。

Step 04 右击状态栏中极轴追踪功能，打开"草图设置"对话框，并在"极轴追踪"选项卡中，勾选"启用极轴追踪"复选框，并将其增量角设为 60，如图 2-19 所示。

图 2-18　绘制 60mm 线段　　　　　图 2-19　设置极轴追踪

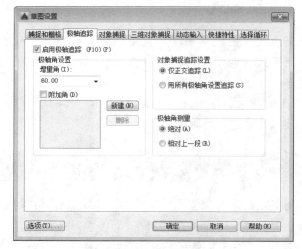

Step 05 执行"工具 > 工具栏 >AutoCAD> 对象捕捉"命令，调出打开临时捕捉工具栏。

Step 06 行"直线"命令，捕捉两条线段的交点（不需单击），并将光标向左移动，输入 20，如图 2-20 所示。按回车键，此时所产生的点是作为直线的起点。

Step 07 将光标向上移动，并沿着 120 度角的辅助虚线绘制 60mm 的斜线，如图 2-21 所示。

Step 08 按照以上同样的方法，绘制另一条 60mm 斜线，如图 2-22 所示。

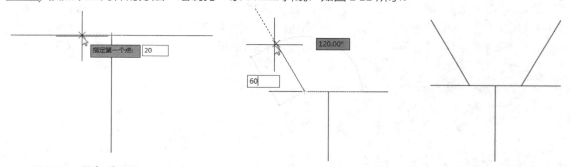

图 2-20　捕捉并绘制线段起点　　　图 2-21　绘制 60mm 斜线　　图 2-22　绘制另一条 60mm 斜线

Step 09 将极轴角度设为 30 度，执行"直线"命令，以捕捉图形左侧斜线中点为线段起点，沿着 90 度方向的辅助虚线绘制 10mm 长的线段，如图 2-23 所示。

Step 10 按照同样的绘制方法，完成等边三角形的绘制，结果如图 2-24 所示。

Step 11 在"默认"选项卡的"绘图"面板中，单击"图案填充"按钮，在"图案填充创建"选项卡的"图案"面板中，选择合适的图案，这里选择"SOLID"，然后单击三角形填充区域，可填充三角形，如图 2-25 所示。至此完成三极管电气符号的绘制。

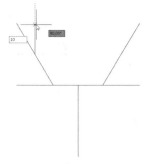

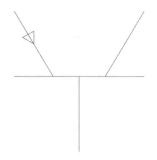

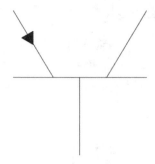

图 2-23　绘制 10mm 长的线段　　　图 2-24　完成等边三角形的绘制　　　图 2-25　填充等边三角形

2.4　夹点工具的使用

选中图形后，该图形上的点是以夹点的形式显示的。在 AutoCAD 中，使用夹点工具可快速地对图形进行编辑操作。下面将介绍具体操作方法。

2.4.1　设置夹点

夹点在默认情况下是以蓝色显示的，用户可根据自己的喜好自定义夹点的颜色、大小以及显示状态。用鼠标右键单击绘图区空白处，在打开的快捷菜单中选择"选项"选项，在"选项"对话框的"选择集"选项卡中，用户可对"夹点尺寸""夹点颜色""显示夹点"等参数进行设置，如图 2-26、图 2-27 所示。

图 2-26　夹点参数设置

图 2-27　设置夹点颜色

📖 绘图技巧

在使用夹点工具编辑图形时，除了在命令行输入快捷命令来启动相关功能外，还可以直接按空格键来启动。当夹点呈编辑状态时，按一次空格键为"移动"命令；按两次空格键为"旋转"命令；按三次空格键为"缩放"命令；按四次空格键为"镜像"命令。

2.4.2　编辑夹点

在编辑图形时，用户可对图形的夹点进行修改编辑，例如拉伸、移动、旋转以及缩放等。下面将分别对其功能进行介绍。

1. 拉伸对象

选择要编辑的图形，单击其中任意一个夹点，当夹点呈红色时，移动光标即可将其拉伸。默认情况下，夹点操作模式为拉伸，如图 2-28、图 2-29、图 2-30 所示。

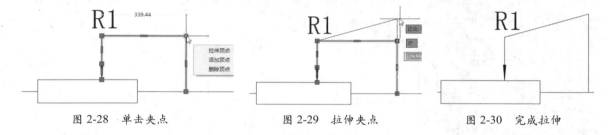

图 2-28　单击夹点　　　　　图 2-29　拉伸夹点　　　　　图 2-30　完成拉伸

2. 移动对象

移动对象是仅在位置上平移，其大小和方向都不改变。选择要移动的图形对象，并进入夹点选择模式，在命令行中输入 MO 命令并按回车键进入移动模式，即可移动该图形，如图 2-31、图 2-32、图 2-33 所示。

命令行提示如下 。

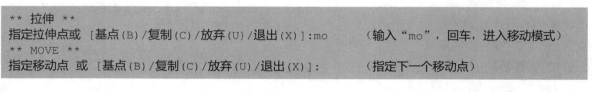

```
** 拉伸 **
指定拉伸点或 [基点(B)/复制(C)/放弃(U)/退出(X)]:mo      （输入"mo"，回车，进入移动模式）
** MOVE **
指定移动点 或 [基点(B)/复制(C)/放弃(U)/退出(X)]：      （指定下一个移动点）
```

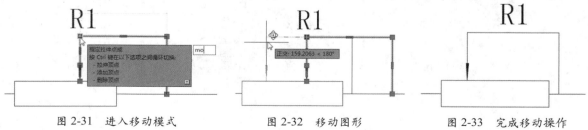

图 2-31　进入移动模式　　　　图 2-32　移动图形　　　　图 2-33　完成移动操作

3. 旋转对象

选择图形，并进入夹点选择模式，其后在命令行输入 RO 命令并按回车键，进入旋转模式，输入旋转角度，再次按回车键即可完成旋转操作，如图 2-34、图 2-35 所示。

命令行提示如下。

```
** 拉伸 **
指定拉伸点:ro                                          (输入"RO"，回车进入旋转模式)
** 旋转 **
指定旋转角度或 [基点(B)/复制(C)/放弃(U)/参照(R)/退出(X)]: 45    (输入旋转角度，回车即可)
```

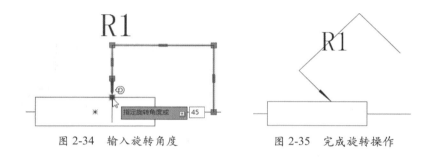

图 2-34 输入旋转角度   图 2-35 完成旋转操作

4. 缩放对象

选择图形，并进入夹点选择模式，其后在命令行输入 SC 命令并按回车键，进入缩放模式，输入缩放比例值，再次按回车键即可完成缩放操作，如图 2-36、图 2-37 所示。

命令行提示如下。

```
** 拉伸 **
指定拉伸点或 [基点(B)/复制(C)/放弃(U)/退出(X)]:sc        (输入"SC"，回车，进入缩放模式)
** 比例缩放 **
指定比例因子或 [基点(B)/复制(C)/放弃(U)/参照(R)/退出(X)]: 0.8  (输入比例值，回车完成操作)
```

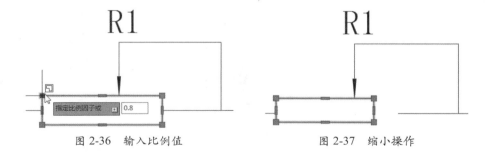

图 2-36 输入比例值   图 2-37 缩小操作

2.5 查询功能的使用

查询功能是通过使用查询命令，查询图形对象的面积、周长和距离等信息，以便了解图形

对象之间的距离、半径以及角度等图形特征。

2.5.1 距离查询

距离查询是测量两个点之间的最短长度值，该命令是最常用的查询方式。

在"默认"选项卡的"实用工具"面板中，单击"测量"下拉按钮，选择"距离 ▤"选项，根据命令行提示，指定线段的第一点，在指定线段的第二点后，系统将在光标右下角显示距离结果，如图 2-38、图 2-39 所示。

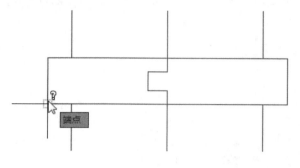

图 2-38　指定第一点

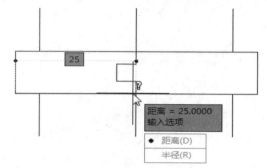

图 2-39　指定第二点并显示距离结果

2.5.2 半径查询

半径查询主要用于查询圆或圆弧的半径或直径值。

在"默认"选项卡的"实用工具"面板中，单击"测量"下拉按钮，选择"半径 ◎"选项，根据命令行提示，指定要测量的圆或圆弧，此时在光标右下角会显示半径和直径结果，如图 2-40、图 2-41所示。

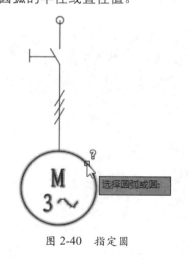

图 2-40　指定圆

图 2-41　显示半径／直径结果

2.5.3 角度查询

角度查询用于测量两条线段之间的夹角度数。

在"默认"选项卡的"实用工具"面板中，单击"测量"下拉按钮，选择"角度 ◢"选项，根据命令行提示，指定要测量的两条夹角边即可显示其角度值，如图 2-42、图 2-43 所示。

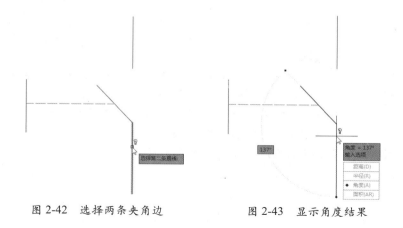

图 2-42　选择两条夹角边　　　　　图 2-43　显示角度结果

2.6　图层的设置与管理

图层是 AutoCAD 制图中一项重要的功能。简单地说，图层相当于由多层透明薄片重叠而成。将不同属性的图形对象分别设置到不同图层之中，以便统一设置与管理。下面将对图层的创建与设置进行介绍。

2.6.1　创建图层

在 AutoCAD 中，创建图层、设置图层的操作，都是通过"图层特性管理器"面板来实现的。用户可以通过以下方式打开"图层特性管理器"面板。

● 执行"格式"→"图层"命令。

● 在"默认"选项卡的"图层"面板中，单击"图层特性"按钮。

● 在命令行中输入 LAYER 命令并按回车键。

在"图层特性管理器"面板中，单击"新建图层"按钮，系统将自动创建一个新图层，并命名为"图层 1"，如图 2-44 所示。双击"图层 1"名称，则可对其名称进行更改。

除了利用以上介绍的方法新建图层外，用户还可以直接用鼠标右键单击该对话框空白处，在弹出的快捷菜单中，选择"新建图层"选项，如图 2-45 所示。

图 2-44　新建图层

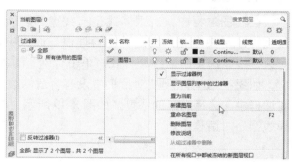

图 2-45　通过快捷菜单新建图层

知识拓展

很多用户在设置图层颜色时，经常根据自己的爱好进行设置，喜欢什么颜色就用什么颜色，这样做并不合理。定义图层颜色要注意两点，一是不同的图层一般来说要用不同的颜色，如果两个图层是同一个颜色，在显示时就很难判断正在操作的图元是在哪一个层上。二是颜色的选择应该根据打印时线宽的粗细来选择。打印时，线形设置越宽的，该图层就应该选用越亮的颜色；反之，如果打印时，该线的宽度仅为 0.09mm，那么该图层的颜色就应该选用 8 号或类似的颜色。

2.6.2　设置图层属性

图层创建完毕后，有时需要对创建的图层属性进行更改，例如图层的颜色、线型、线宽等。

1. 更改图层颜色

为了区分图层，通常会对图层颜色进行更改。在"图层特性管理器"面板中，选中要更改的图层，单击其颜色"■白"图标，如图 2-46 所示。在"选择颜色"对话框中，选择更改颜色，单击"确定"按钮即可完成颜色的更改操作，如图 2-47 所示。

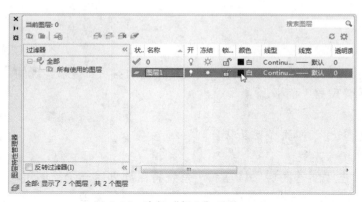

图 2-46　选择"颜色"图标

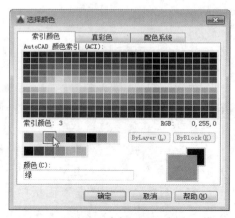

图 2-47　选择更改的颜色

2. 更改图层线型和线宽

在制图过程中，有很多线型与线宽都必须按照制图标准来设定，例如轴线、外轮廓线、剖面线等。用户可在"图层特性管理器"面板中单击"线型 Continuous"图标，在"选择线型"对话框中，选择所需线型样式，单击"确定"按钮，如图 2-48 所示。

如果在"选择线型"对话框中没有合适的线型，用户可单击"加载"按钮，在"加载或重载线型"对话框中，选择满意的线型，如图 2-49 所示。单击"确定"按钮即可使刚选择的线型出现在"选择线型"对话框中。

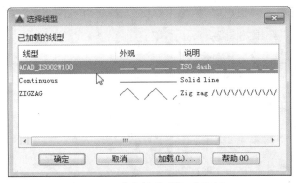

图 2-48　"选择线型"对话框

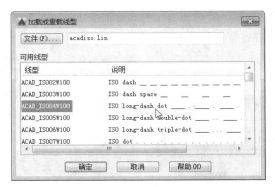

图 2-49　加载线型

图 2-50　选择线宽

在"图层特性管理器"面板中，单击"线宽 —— 默认"图标，在"线宽"对话框中，选择所需线宽，单击"确定"按钮即可更改图层线宽，如图 2-50 所示。

实战——创建电气图层

本例将利用图层的创建与设置功能，创建电气图层。

Step 01 在"默认"选项卡的"图层"面板中，单击"图层特性"按钮，打开"图层特性管理器"面板，单击"新建图层"按钮，新建"实线"图层，如图 2-51 所示。

Step 02 再次单击"新建图层"按钮，创建"文字"图层和"虚线"图层，如图 2-52 所示。

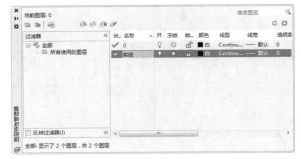

图 2-51　新建"实线"图层

图 2-52　创建其他图层

Step 03 选中"文字"图层，并单击其"颜色"图标，在"选择颜色"对话框中，设置图层颜色，单击"确

定"按钮,完成图层颜色的更改操作,如图 2-53 所示。

Step 04 按照同样的操作,设置"虚线"图层的颜色,结果如图 2-54 所示。

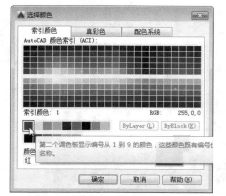

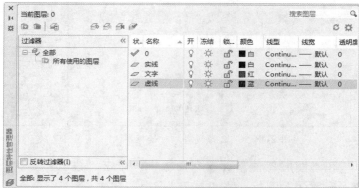

图 2-53 设置"文字"图层颜色 　　　　图 2-54 设置"虚线"图层颜色

Step 05 选中"虚线"图层,并单击其"线型"图标,在"选择线型"对话框中,单击"加载"按钮,如图 2-55 所示。

Step 06 在"加载或重载线型"对话框中,选择满意的线型样式,如图 2-56 所示。其后,单击"确定"按钮,返回上一层对话框。

图 2-55 选择线型 　　　　图 2-56 加载或重载线型

Step 07 在"选择线型"对话框中,选择加载后的线型,单击"确定"按钮,如图 2-57 所示。

Step 08 在"图层特性管理器"面板中,"虚线"图层的线型已发生了变化,结果如图 2-58 所示。至此电气图层创建完毕。

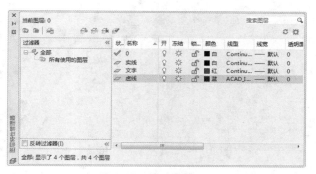

图 2-57 选择加载后的线型 　　　　图 2-58 最终结果图

2.6.3 管理图层

在"图层特性管理器"面板中，用户不仅可创建图层、设置图层特性，还可以对创建好的图层进行管理，如设置当前图层、关闭图层、过滤图层、删除图层等。

1. 设置当前图层

设置当前图层是将选定的图层设置为当前图层，并在当前图层上创建对象。在 AutoCAD 中当前层的设置方法有以下 4 种。

● 在"图层特性管理器"面板中，选中所需图层选项，单击"置为当前"按钮✔即可。

● 在"图层特性管理器"面板中，双击所需图层选项，即可将该图层设为当前图层。

● 在"图层特性管理器"面板中，选中所需图层选项，单击鼠标右键，在打开的快捷菜单中，选择"置为当前"选项即可，如图 2-59 所示。

● 在"默认"选项卡的"图层"面板中，单击"图层"下拉按钮，选择所需图层选项，即可将其设为当前层，如图 2-60 所示。

图 2-59 用鼠标右键设置当前层

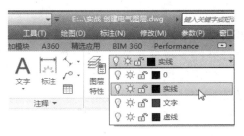

图 2-60 使用图层面板设置当前层

2. 打开／关闭图层

系统默认的图层都是处于打开状态。而若将某图层关闭，则该图层中所有的图形不可见，且不能被编辑和打印。图层的打开与关闭操作可使用以下两种方法。

● 使用"图层特性管理器"面板操作

打开"图层特性管理器"面板，单击所需图层中的"开"按钮♀，将其变为灰色，此时该层已被关闭，而在该层中所有的图形则不可见。反之，再次单击该按钮，使其为高亮显示状态，则打开图层，如图 2-61 所示。

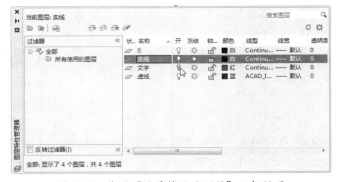

图 2-61 使用"图层特性管理器"面板设置

● 使用"图层面板"操作

在"默认"选项卡的"图层"面板中,单击"图层"下拉按钮,在打开的图层列表中,单击所需图层的"开/关"按钮,同样可以打开或关闭该图层。需要注意的是,若该图层为当前层,则会弹出提示框,如图2-62所示。

图2-62 使用"图层面板"设置

绘图技巧

若想删除多余的图层,可在"图层特性管理器"面板中,选中要删除的图层,单击"删除图层"按钮,或按Delete键即可删除。需要注意的是,当前正在使用的图层以及0图层是无法删除的。

综合演练 保存并输出电气图层

实例路径: 实例\CH02\综合演练\保存并输出电气图层.dwg
视频路径: 视频\CH02\保存并输出电气图层.avi

使用图层的输出与输入功能,可将设置好的图层样式直接调用至新文件中。这样则避免了每次绘制新图形时,都要重复创建相同属性的图层,从而提高了绘图效率。其方法如下。

Step 01 打开"创建电气图层"文件。在"默认"选项卡的"图层"面板中,单击"图层特性"按钮,打开"图层特性管理器"面板,单击"图层状态管理器"按钮,如图2-63所示。

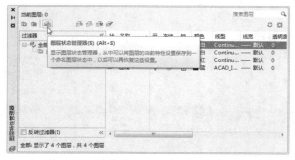

图2-63 单击"图层状态管理器"按钮

Step 02 在打开的"图层状态管理器"对话框中,单击"新建"按钮,如图2-64所示。

Step 03 在"要保存的新图层状态"对话框中,输入图层状态名及说明,如图2-65所示。

图2-64 单击"新建"按钮

Step 04 单击"确定"按钮,返回至上一层对话框。再单击"输出"按钮,如图2-66所示。

Step 05 在"输出图层状态"对话框中,设置好保存路径,并确认文件名,单击"保存"按钮,如图2-67所示。

Step 06 在"图层状态管理器"对话框中,单击"关闭"按钮,关闭对话框。

图 2-65　输入图层状态名及说明

图 2-66　单击"输出"按钮

图 2-67　保存图层

Step 07 新建空白文件，打开"图层特性管理器"面板，单击"图层状态管理器"按钮，打开相应的对话框，单击"输入"按钮，在"输入图层状态"对话框中，将"文件类型"设为"图层状态（*.las）"选项，并选中刚输出的"电气图纸"文件，如图 2-68 所示。单击"打开"按钮即可将图层导入至新文件中。

图 2-68　导入图层至新文件中

知识拓展

图层中的"0"图层是默认层，"0"图层上是不可以用来绘制图形的，该图层是用来定义图块的。在定义图块时，先要将所有图形设置为"0"图层，然后再定义块。待以后插入图块时，插入时是哪个图层，图块就在哪个图层。这样一来，图形中的图块就很好管理了。

上机操作

为了让读者能够更好地掌握本章所学习到的知识，在本小节列举几个拓展案例，以供读者练习。

1. 绘制手动开关符号

利用"直线""极轴追踪""对象捕捉"等命令，绘制手动开关符号，如图 2-69 所示。

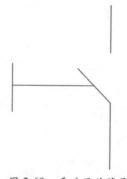

图 2-69　手动开关符号

⚠ **操作提示：**

Step 01 执行"直线"命令，绘制两条相互垂直的"T"形直线。

Step 02 执行"极轴追踪""直线"以及"临时捕捉"命令，绘制剩余开关图形。

2. 设置手动开关符号的线型

利用"图层"命令，将手动开关符号的线型设置成红色、虚线，结果如图 2-70 所示。

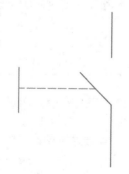

图 2-70　设置手动开关符号的线型

⚠ **操作提示：**

Step 01 打开"图层特性管理器"面板，新建"图层 1"图层，并设置其线型和颜色。

Step 02 选中要更改的线段，在"图层"面板中单击"图层"下拉按钮，选择"图层 1"图层即可。

第**3**章

绘制二维电气图形

绘图是 AutoCAD 软件最主要、最基本的功能。利用二维绘图命令可绘制出各种基本图形，如直线、矩形、圆、多段线及样条曲线等。熟练地掌握二维图形的绘制方法和技巧，才能更好地绘制出复杂的图形。本章将介绍各种二维绘图命令的使用方法，并结合实例来完成各种简单图形的绘制。

知识要点

▲ 绘制点

▲ 绘制线

▲ 绘制曲线

▲ 绘制矩形和正多边形

3.1 绘制点

点是组成图形的基本元素。无论是直线、曲线还是其他线段，都是由多个点连接而成的。在 AutoCAD 软件中，点的类型可分为三大类，分别为单点、多点，以及等分点。下面将向用户介绍点的设置与绘制方法。

3.1.1 点样式的设置

默认情况下，点是以圆点形式显示的。用户可以通过"点样式"对话框来设置点的显示样式。执行"格式"→"点样式"命令，打开"点样式"对话框，根据需要来选择点样式，如图 3-1 所示。

在该对话框中，用户还可以设置当前点的大小。如果单击"相对于屏幕设置大小"单选按钮，其点大小是以百分数形式显示的；而单击"按绝对单位设置大小"单选按钮，则点大小是以实际单位形式显示。

图 3-1 "点样式"对话框

3.1.2 绘制单点及多点

点样式设置完成后，执行"绘图"→"点"→"单点"命令，如图 3-2 所示。在绘图区中指定点的位置，可完成单点的绘制操作。

如果想同时绘制多个点，可在"默认"选项卡的"绘图"面板中，单击"多点"按钮，在绘图区中依次指定多个点位置，其后按 ESC 键即可完成多点的绘制。其方法与绘制单点相同，如图 3-3 所示。

图 3-2　绘制单点　　　　　　　　图 3-3　绘制多点

3.1.3 定距等分

定距等分是按指定的长度，从指定的端点测量一条直线、圆弧或多段线，并按长度标记点或块标记，如图 3-4、图 3-5 所示。

在 AutoCAD 中，用户可通过以下方法执行"定距等分"命令。

- 执行"绘图"→"点"→"定距等分"命令。
- 在"默认"选项卡的"绘图"面板中单击"定距等分"按钮。
- 在命令行中输入 MEASURE 命令并按回车键。

命令行提示如下。

```
命令：_measure
选择要定距等分的对象：                          （选择所需图形对象）
指定线段长度或 [块(B)]：70                      （输入线段长度值，回车）
```

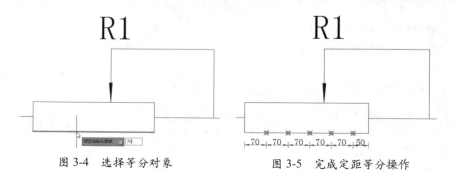

图 3-4　选择等分对象　　　　　　图 3-5　完成定距等分操作

使用定距等分功能进行操作时，如果当前设置的长度值是等分值的倍数，则该线段可实现等分。反之，则无法实现等分。

3.1.4　定数等分

定数等分是将选择的曲线或线段按照指定的段数进行平均等分。它与定距等分在表现形式上是相同的，不同的则是，前者是按照线段的段数进行平均分的，而后者是按照线段的长度平均分的。在 AutoCAD 2016 中，用户可通过以下方法执行"定数等分"命令，如图3-6、图3-7所示。

- 执行"绘图"→"点"→"定数等分"命令。
- 在"默认"选项卡的"绘图"面板中单击"定数等分"按钮 ✍。
- 在命令行中输入 DIV 命令并按回车键。

命令行提示如下。

```
命令：_divide
选择要定数等分的对象：                        （选择等分图形对象）
输入线段数目或 [块(B)]：3                      （输入等分数值，按回车键）
```

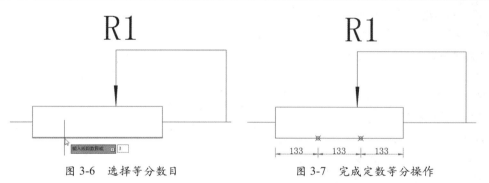

图3-6　选择等分数目　　　　　　　图3-7　完成定数等分操作

知识拓展

　　无论是使用"定数等分"还是"定距等分"命令进行绘图，并非是将图形分成独立的几段，而是在相应的位置上显示等分点，以辅助其他图形的绘制。

3.2　绘制线

在 AutoCAD 中线段的类型分为多种，其中包括直线、射线、构造线、多线以及多段线等。下面将分别对其进行介绍。

3.2.1 绘制直线

直线是在绘制图形过程中最基本、最简单的绘图命令。用户只需根据命令行提示，指定好线段的起点，输入线段长度值，按回车键即可完成直线的绘制。在 AutoCAD 中，用户可通过以下方法执行"直线"命令。

- 执行"绘图"→"直线"命令。
- 在"默认"选项卡的"绘图"面板中单击"直线"按钮 ╱ 。
- 在命令行中输入 L 命令并按回车键。

执行直线命令后，命令行提示如下。

```
命令：_line
指定第一个点：                                        （指定线段起点位置）
指定下一点或 [放弃(U)]：2000                           （输入线段长度值，回车）
指定下一点或 [放弃(U)]：                               （再次回车，完成操作）
```

实战——绘制电容符号

本实例将以电容符号为例，来介绍直线的绘制方法。其中涉及的命令有"直线""对象捕捉"以及"临时追踪点"命令。

Step 01 按 F8 启动正交模式。在"默认"选项卡的"绘图"面板中单击"直线"按钮，根据命令行中提示，在绘图区中指定线段的起点，将光标向右移动，并输入 17.5，按两次回车键，完成 17.5mm 直线的绘制，如图 3-8 所示。

Step 02 再次执行"直线"命令，绘制一条长 15mm 的垂直线。然后在"默认"选项卡的"修改"面板中单击"移动✛"命令，根据命令行提示，选中 15mm 的垂直线，按回车键，捕捉垂直线的中点，将其移至 17.5mm 水平线的右侧端点上，完成 T 字形图形的绘制，结果如图 3-9 所示。

图 3-8 绘制 17.5mm 直线 　　　　图 3-9 绘制并移动垂直线

Step 03 执行"直线"命令，并启动"临时追踪点▭"命令，捕捉两条线段的垂直点，向右移动光标，并输入 9，如图 3-10 所示。

Step 04 指定好直线的起点，然后输入 17.5，按两次回车键，完成直线的绘制，如图 3-11 所示。

图 3-10 捕捉直线的起点 　　　　图 3-11 绘制直线

Step 05 在"默认"选项卡的"修改"面板中单击"复制 ❏"命令，根据命令行提示，选中 15mm 的垂直线，并指定中点为复制基点，然后将其移动复制到另一条线段上的右端点上，如图 3-12 所示，按回车键完成操作，至此电容符号绘制完毕，结果如图 3-13 所示。

图 3-12　指定复制基点　　　　　　　　图 3-13　复制结果

3.2.2　绘制构造线

构造线是无限延伸的线，也可以用来作为创建其他直线的参照。用户可以创建出水平、垂直、具有一定角度的构造线。用户可通过以下方法执行"构造线"命令。

- 执行"绘图"→"构造线"命令。
- 在"默认"选项卡的"绘图"面板中单击"构造线"按钮。
- 在命令行中输入 XL 命令并按回车键。

执行"构造线"命令后，在绘图区中，用户只需指定构造线上的两个点，确定好构造线的方向即可完成绘制。

命令行提示如下。

```
命令: _xline
指定点或 [水平(H)/垂直(V)/角度(A)/二等分(B)/偏移(O)]:    （指定构造线上的一点）
指定通过点:                                          （指定构造线第二点）
```

3.2.3　绘制与编辑多段线

多段线是由相连的直线和圆弧曲线组成的，在直线和圆弧曲线之间可进行自由切换。在实际操作时，用户可对多段线的线宽进行设置，也可以在一条多段线上设置几段不同的线宽。

1.　绘制多段线

在 AutoCAD 中，用户可通过以下方法执行"多段线"命令。

- 执行"绘图"→"多段线"命令。
- 在"默认"选项卡的"绘图"面板中单击"多段线"按钮。
- 在命令行中输入 PL 命令并按回车键。

执行"多段线"命令后，根据命令行提示，在绘图区中指定线段的起点，并设置好当前的线宽，然后指定下一点，直到结束，按回车键即可完成绘制。

命令行提示如下。

```
命令: _pline
指定起点:                                          （指定多段线起点）
当前线宽为 0.0000                                   （设置多段线线宽，默认为0）
指定下一个点或 [圆弧(A)/半宽(H)/长度(L)/放弃(U)/宽度(W)]:  （输入线段长度，指定下一点）
```

指定下一点或 [圆弧(A)/闭合(C)/半宽(H)/长度(L)/放弃(U)/宽度(W)]：（指定下一点，直至结束，回车）

2. 编辑多段线

如果需要对绘制好的多段线进行更改，用户可通过以下方法。

● 在"默认"选项卡的"修改"面板中单击"编辑多段线"按钮。

● 双击要编辑的多段线即可执行。

● 在命令行中输入 PE 命令并按回车键。

命令行提示如下。

```
命令：_pedit
选择多段线或 [多条(M)]:                    （选取要编辑的多段线）
输入选项 [闭合(C)/合并(J)/宽度(W)/编辑顶点(E)/拟合(F)/样条曲线(S)/非曲线化(D)/线型生成
(L)/反转(R)/放弃(U)]:                      （根据需要输入命令，如合并多段线，可输入"J"，回车）
```

绘图技巧

在 AutoCAD 绘图命令中，还有一种线段形式为"多线"。执行"绘图"→"多线"命令后，用户可根据命令行提示，设置其对正方向、样式以及比例值，然后在绘图区中指定多线的起点、下一点，直到结束，按回车键即可。由于"多线"命令在电气制图中的使用率不高，所以在此不再详细说明。

实战——绘制接地开关符号

本例将利用"直线""多段线""对象捕捉"以及"临时追踪"命令，绘制接地开关符号图形。

Step 01 执行"直线"命令，在绘图区中指定直线的起点，向右移动光标，输入 6，按两次回车键完成绘制，如图 3-14 所示。

Step 02 再次执行"直线"命令，以捕捉直线的中点为线段起点，向上移动，输入 10，按两次回车键，完成垂直线的绘制，如图 3-15 所示。

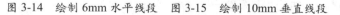

图 3-14　绘制 6mm 水平线段　　图 3-15　绘制 10mm 垂直线段

Step 03 在"默认"选项卡的"绘图"面板中单击"多段线"命令，并启动"临时追踪点"命令，捕捉两条垂直线的交点，向下移动光标，并输入 22，如图 3-16 所示。按回车键即可指定多段线的起点位置，如图 3-17 所示。

Step 04 将光标向上移动，并输入多段线距离值 10，按回车键。启动"极轴追踪"命令，并将增量角设为 30 度，然后继续移动光标，并沿着 60 度的辅助虚线绘制 14mm 的斜线，结果如图 3-18 所示。

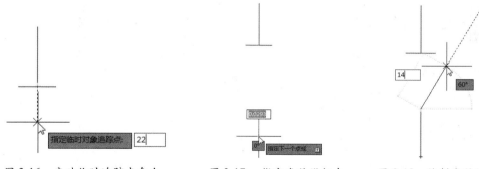

图 3-16　启动临时追踪点命令　　图 3-17　指定多段线起点　　图 3-18　绘制多段线

Step 05 执行"直线"命令，以多段线直线端点为起点，绘制 6mm 的水平线段，如图 3-19 所示。然后执行"移动"命令，根据命令行提示，选择 6mm 的水平线段，并指定该线段中点为移动基点，将其移动至多段线端点处即可，如图 3-20 所示。

Step 06 继续执行"直线"命令，以上一步直线的中点为起点，绘制一条 4mm 的竖直线，如图 3-21 所示。

图 3-19　绘制 6mm 水平线段　　图 3-20　移动直线段　　图 3-21　绘制直线段

Step 07 执行"直线"命令，捕捉 4mm 的竖直线中点，启动临时追踪点功能，将光标向左移动，并输入 2，指定好直线的起点，如图 3-22 所示。然后将光标向右移动，绘制 4mm 长的水平线，结果如图 3-23 所示。

Step 08 按照同样的操作，绘制长 2mm 的直线段，并放置垂直线端点位置，如图 3-24 所示。

Step 09 选中 4mm 的垂直线，按 Delete 键将其删除，结果如图 3-25 所示。至此接地开关符号已全部绘制完毕。

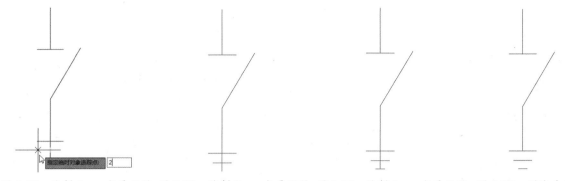

图 3-22　绘制 4mm 水平线段　图 3-23　绘制 2mm 水平线段　图 3-24　绘制 2mm 水平线段　图 3-25　删除垂直线

3.3 绘制曲线

使用曲线绘图是最常用的绘图方式之一。在 AutoCAD 软件中，曲线主要包括圆弧、圆、椭圆和椭圆弧等。下面就分别对其进行介绍。

3.3.1 绘制圆

在 AutoCAD 中圆形命令有"圆""圆弧""椭圆"以及"圆环"等命令。其中，"圆"命令是常用命令之一，用户可通过以下方法执行"圆"命令。

● 执行"绘图"→"圆"命令的子命令。

● 在"默认"选项卡的"绘图"面板中单击"圆"下拉按钮，在展开的下拉菜单中将显示 6 种绘制圆的按钮，从中选择合适的即可。

● 在命令行中输入 C 命令并按回车键。

通过以上方法，执行"圆心，半径"命令后，用户可根据命令行提示进行绘制。

命令行提示如下。

```
命令： _CIRCLE
指定圆的圆心或 [三点(3P)/两点(2P)/切点、切点、半径(T)]：      (在绘图区中，指定圆心位置)
指定圆的半径或 [直径(D)] <86.6025>： 200    (输入圆半径值，若输入"D"，回车后，可输入直径绘制)
```

实战——绘制信号灯符号

本例将利用"圆"和"直线"命令，绘制信号灯电气符号。

Step 01 在"默认"选项卡的"绘图"面板中单击"圆"命令，根据命令行提示，在绘图区中指定圆心后，输入半径值为 3.5，如图 3-26 所示。按回车键，完成半径为 3.5mm 圆的绘制，结果如图 3-27 所示。

Step 02 执行"直线"命令，捕捉圆形两个象限点为直线的两个端点，绘制直线，结果如图 3-28 所示。

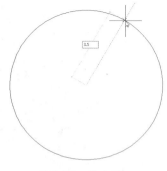
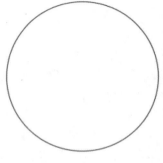
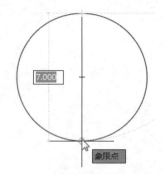

图 3-26 指定圆心　　　　　　图 3-27 绘制圆　　　　　　图 3-28 捕捉象限点绘制直线

Step 03 按照同样的方法，绘制另一条直线，并垂直于刚绘制的直线，如图 3-29 所示。

在绘图过程中，射线经常用于绘制辅助线，它与构造线作用相似。在"默认"选项卡的"绘图"选项中单击"射线"按钮，根据命令行提示，在绘图区中指定射线的起始位置，然后指定射线的绘制方向，按回车键即可完成射线的绘制操作。

Step 04 在"默认"选项卡的"修改"面板中单击"旋转"命令，根据命令行提示，选择绘制的所有图形，按回车键，指定垂直点为旋转基点，输入旋转角度 45，如图 3-30 所示。按回车键即可完成图形旋转操作，结果如图 3-31 所示。

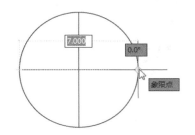
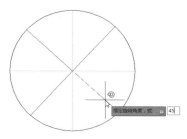
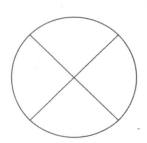

图 3-29　绘制两条相互垂直的直线　　图 3-30　输入旋转角度　　图 3-31　完成旋转操作

3.3.2　绘制圆弧

圆弧是圆的一部分，绘制圆弧一般需要指定三个点，圆弧的起点、圆弧上的点和圆弧的端点。在 AutoCAD 中，用户可通过以下方法执行"圆弧"命令。

● 执行"绘图"→"圆弧"命令的子命令。

● 在"默认"选项卡的"绘图"面板中单击"圆弧"下拉按钮，在展开的下拉菜单中选择合适方式。

通过执行"三点"命令后，用户可根据命令行提示绘制。

命令行提示如下。

```
命令：_arc
指定圆弧的起点或 [圆心(C)]:                              (在绘图区中，指定圆弧起点)
指定圆弧的第二个点或 [圆心(C)/端点(E)]:                  (指定圆弧上的点)
指定圆弧的端点:                                         (指定圆弧端点即可)
```
用户可使用多种模式绘制圆弧，其中包括"三点""起点、圆心、端点""起点、端点、角度""圆心、起点、端点"以及"连续"等，而"三点"模式为默认模式。

3.3.3　绘制椭圆

椭圆有长半轴和短半轴之分，长半轴与短半轴的值决定了椭圆的形状，通过设置椭圆的起始角度和终止角度可以绘制椭圆弧。用户可以通过以下方法执行"椭圆"命令。

● 执行"绘图"→"椭圆"命令的"圆心"或"轴，端点"子命令。

● 在"默认"选项卡的"绘图"面板中单击"椭圆"下拉按钮，在展开的下拉菜单中选择"圆心"按钮 ⟨⊙⟩ 或"轴，端点"按钮 ⟨⊙⟩。

● 在命令行中输入 EL 命令并按回车键。

用户通过以上方法执行"圆心，直径"命令后，可根据命令行提示来绘制椭圆，如图 3-32、图 3-33、图 3-34 所示。

命令行提示如下。

```
命令：_ellipse
指定椭圆的轴端点或 [圆弧(A)/中心点(C)]：_c
指定椭圆的中心点：                    （在绘图区中，指定椭圆中心点）
指定轴的端点：100                     （设置一条轴的长度，回车）
指定另一条半轴长度或 [旋转(R)]：50     （输入另一半轴的长度，回车完成绘制）
```

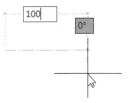
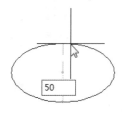
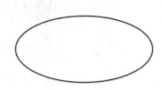

图 3-32　设置一条轴长度　　　图 3-33　设置另一半轴长度　　　图 3-34　完成绘制

椭圆的绘制模式有 3 种，分别为"圆心""轴、端点"和"椭圆弧"，其中"圆心"方式为系统默认的绘制椭圆方式。

3.3.4　绘制圆环

圆环是由两个圆心相同、半径不同的圆组成的。圆环分为填充环和实体填充圆，即带有宽度的闭合多段线。绘制圆环时，应首先指定圆环的内径、外径，然后再指定圆环的中心点即可完成圆环的绘制。用户可通过以下方法执行"圆环"命令。

● 执行"绘图"→"圆环"命令即可。

● 在"默认"选项卡的"绘图"面板中单击"圆环"按钮 ⊚。

● 在命令行输入 DO 命令并按回车键。

通过执行"圆环"命令后，用户可根据命令行提示进行绘制。

命令行提示如下。

```
命令：_donut
指定圆环的内径 <100.0000>：100        （输入圆环内径值，回车）
指定圆环的外径 <200.0000>：150        （输入圆环外径值，回车）
指定圆环的中心点或 <退出>：           （在绘图区中，指定圆环的位置）
```

3.3.5　绘制并编辑样条曲线

样条曲线是通过一系列指定点的光滑曲线，绘制不规则的曲线图形，是适用于表达各种具有不规则变化曲率半径的曲线。如绘制波浪线和断面线等。下面将介绍样条曲线的绘制与编辑操作。

在 AutoCAD 中，用户可通过以下方法执行"样条曲线"命令。

● 执行"绘图"→"样条曲线"命令的子命令。

● 在"默认"选项卡的"绘图"面板中单击"样条曲线拟合"按钮~或"样条曲线控制点"按钮~。

● 在命令行中输入 SPL 命令并按回车键。

执行"样条曲线"命令后，根据命令行提示，依次指定起点、中间点和终点，即可绘制出样条曲线，结果如图 3-35 所示。

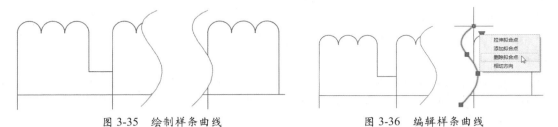

图 3-35　绘制样条曲线　　　　　　　　　　图 3-36　编辑样条曲线

样条曲线绘制完成后，用户还可对其进行编辑修改。选中要修改的样条曲线，将光标放置在线条拟合点上，系统将自动打开快捷菜单，在此用户可对相关选项进行编辑操作，如图 3-36 所示。而单击三角形夹点▼可在显示控制顶点和拟合点之间进行切换。

3.3.6　绘制并编辑修订云线

修订云线是由连续圆弧组成的多段线，在园林图纸中，常用该命令来绘制灌木丛、绿地等图形。在 AutoCAD 软件中，系统罗列了三种修订云线样式矩形修订云线、多边形修订云线以及徒手画修订云线。用户可根据绘图需要，选择相关的命令。

用户可通过以下方法执行"修订云线"命令。

● 执行"绘图"→"修订云线"命令。

● 在"默认"选项卡的"绘图"面板中单击"矩形修订云线"按钮▱。

● 在命令行中输入 REVCLOUD 命令并按回车键。

执行"修订云线"命令后，可根据命令行提示设置云线弧长，并指定云线的起始点与端点，如图 3-37 所示。云线绘制好后，用户同样可对云线进行编辑操作。单击要编辑的云线，并将光标移至其夹点上，在打开的快捷菜单中，选择所需编辑选项即可进行修改，如图 3-38 所示。

图 3-37　徒手画云线　　　　　　　　　　图 3-38　编辑云线

命令行提示如下。

```
命令: _revcloud
最小弧长: 0.5    最大弧长: 0.5    样式: 普通
指定起点或 [弧长(A)/对象(O)/样式(S)] <对象>:              (指定云线起点，直到结束，回车)
```

实战——绘制自耦变压器符号

本例将利用"圆""圆弧""直线""对象捕捉"等命令，绘制自耦变压器符号。

Step 01 在"默认"选项卡的"绘图"面板中单击"圆"命令，根据命令行提示，在绘图区中指定任意点为圆心，绘制半径为 850mm 的圆，如图 3-39 所示。

Step 02 执行"直线"命令，捕捉圆形下方象限点为线段起点，向下移动光标，绘制长 1200mm 的线段，如图 3-40 所示。

Step 03 执行"直线"命令，捕捉圆形上方象限点，启动"临时追踪点"命令，将鼠标向上移动，并输入 630，指定直线起点，如图 3-41 所示。然后绘制长 1130mm 长的线段，如图 3-42 所示。

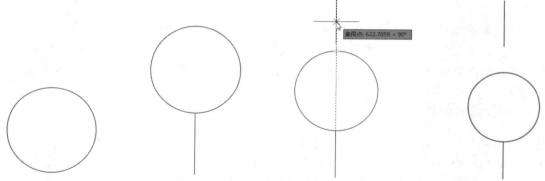

图 3-39　绘制圆形　　　图 3-40　绘制 1200mm 线段　　　图 3-41　指定起点　　　图 3-42　绘制长 1130mm 线段

Step 04 执行"起点""端点""方向"命令，捕捉上方直线的端点以及圆形右侧象限点，如图 3-43 所示。

Step 05 向上移动鼠标，移至当圆弧与圆形相切时，如图 3-44 所示。单击鼠标左键即可完成图形的绘制，结果如图 3-45 所示。至此，自耦变压器符号图形绘制完毕。

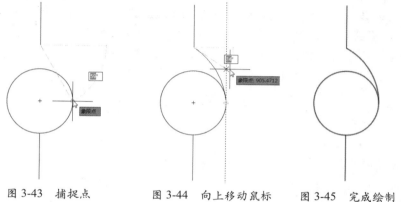

图 3-43　捕捉点　　　　图 3-44　向上移动鼠标　　　图 3-45　完成绘制

3.4 绘制矩形和正多边形

矩形和多边形是图形基本元素之一。在绘图中，经常会根据一些尺寸数据绘制相应的矩形或多边形，此时就需要使用到绘图工具中的"矩形"或"多边形"命令。下面将分别对其绘制方法进行讲解。

3.4.1 绘制矩形

在使用该命令时，用户可指定矩形的两个对角点，来确定矩形的大小和位置。当然也可指定矩形的长和宽，来确定矩形。在 AutoCAD 中，用户可通过以下方法进行绘制。

- 执行"绘图"→"矩形"命令。
- 在"默认"选项卡的"绘图"面板中单击"矩形"按钮▭。
- 在命令行中输入 REC 命令并按回车键。

执行"矩形"命令后，命令行提示如下。

```
命令：RECTANG
指定第一个角点或 [倒角(C)/标高(E)/圆角(F)/厚度(T)/宽度(W)]:      (指定矩形一个角点，回车)
指定另一个角点或 [面积(A)/尺寸(D)/旋转(R)]: @200,300              (输入绝对符号@，并输入矩形长
与宽值，回车)
```

知识拓展

> 执行"矩形"命令后，在命令行输入 C 命令并按回车键，选择"倒角"选项，然后输入倒角距离值，即可绘制倒角矩形。如果在命令行中输入 F 命令并按回车键，选择"圆角"选项，然后设置圆角半径，即可绘制出圆角矩形。
>
> 绘制带圆角和倒角的矩形时，如果矩形的长度和宽度太小，而无法使用当前设置创建矩形时，那么绘制出来的矩形将不可进行圆角或倒角操作。

实战——绘制桥式整流器符号

本例将利用"矩形""直线""极轴追踪"命令，绘制桥式整流器符号。

Step 01 执行"直线"命令，绘制一条长 20mm 的水平直线，如图 3-46 所示。

Step 02 启动"极轴追踪"功能，并将增量角设为 30 度，如图 3-47 所示。

Step 03 执行"直线"命令，在距离直线右侧端点为 5mm 的位置，绘制一条长 10mm 的斜线，其斜线与直线形成的夹角为 150 度，如图 3-48 所示。

Step 04 执行"直线"命令，以斜线顶部端点为起点，向下绘制长 10mm 的垂直线，结果如图 3-49 所示。

Step 05 执行"直线"命令，以刚绘制的垂直线底部端点为起点，绘制斜线，以闭合三角形，结果如图 3-50 所示。

Step 06 执行"直线"命令，以三角形右侧端点为直线中心，绘制长 10mm 的垂直线，结果如图 3-51 所示。

图 3-46　绘制 20mm 直线

图 3-47　启动"极轴追踪"功能

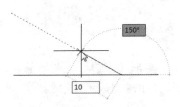

图 3-48　绘制斜线

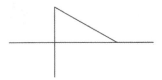

图 3-49　绘制 10mm 直线

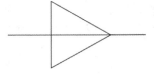

图 3-50　闭合三角形

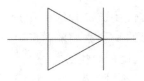

图 3-51　绘制垂直线

Step 07 执行"直线"命令，在距离水平线段中点右侧 14mm 处，绘制一条长 28mm 的垂直线，如图 3-52 所示。

Step 08 执行"矩形"命令，以线段 20mm 的顶端点为矩形起点，根据命令行提示输入 D 命令按回车键，并输入矩形的长度和宽度的值，均为 20，如图 3-53 所示。

Step 09 按回车键，输入 R 命令并按回车键，然后输入旋转角度为 45，捕捉垂直线底部端点，完成矩形绘制，结果如图 3-54 所示。

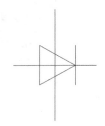

图 3-52　绘制垂直线

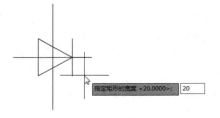

图 3-53　输入矩形长度和宽度

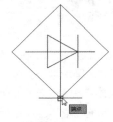

图 3-54　旋转矩形

Step 10 删除 28mm 的垂直线。执行"直线"命令，以矩形两侧的端点为起点，分别向两边绘制 10mm 的水平线，结果如图 3-55 所示。

Step 11 执行"直线"命令，并启动"极轴追踪"命令，在距离水平线 20mm 的中心点向左 1.5mm 处，绘制一条长 3mm 的斜线，其夹角为 120 度，如图 3-56 所示。

Step 12 再次执行"直线"命令，以刚绘制的 3mm 斜线上方端点为起点，向下绘制另一条长 3mm 的斜线，其夹角为 60 度，如图 3-57 所示。

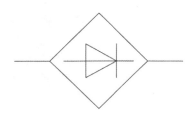

图 3-55　绘制水平线

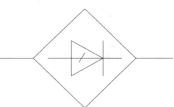

图 3-56　绘制斜线

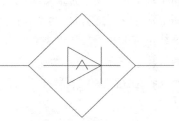

图 3-57　绘制另一条斜线

Step 13 执行 "移动" 命令，选择右侧 3mm 斜线并将其移至并捕捉左侧 3mm 斜线中心，如图 3-58 所示。

Step 14 继续执行 "移动" 命令，以两条交叉线的交点为移动基点，将其移动至线段 20mm 水平线段的中心点上，结果如图 3-59 所示。

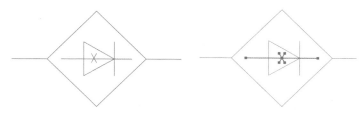

图 3-58　移动斜线　　　　　　图 3-59　移动交叉线

Step 15 选中两条交叉线，在 "默认" 选项卡的 "特性" 面板中单击 "对象颜色" 下拉按钮，选择红色，如图 3-60 所示。

Step 16 此时，被选中的交叉线已呈红色显示，结果如图 3-61 所示。至此，桥式整流器符号绘制完毕。

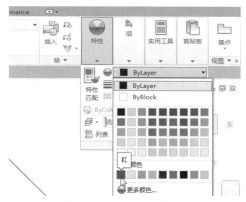

图 3-60　设置线段颜色

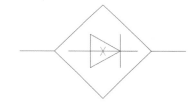

图 3-61　最终结果

3.4.2　绘制正多边形

正多边形是由多条边长相等的闭合线段组合而成的。各边与各角均相等的多边形称为正多边形。在默认情况下，正多边形的边数为 4。

用户可通过以下方法绘制出任意条边的正多边形图形，如图 3-62、图 3-63 所示。

● 执行 "绘图" → "多边形" 命令。

● 在 "默认" 选项卡的 "绘图" 面板中单击 "多边形" 按钮 ⬠。

● 在命令行中输入 POL 命令并按回车键。

执行 "多边形" 命令后，命令行提示如下。

```
命令：_polygon 输入侧面数 <4>:3          （输入多边形的边数，回车）
指定正多边形的中心点或 [边(E)]：          （在绘图区中，指定多边形中心点）
输入选项 [内接于圆(I)/外切于圆(C)] <I>：I   （选择内接或外接圆选项）
指定圆的半径：300                        （输入圆半径值，回车完成）
```

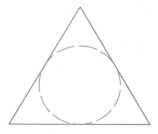

图 3-62 内接圆的三角形

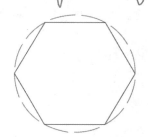

图 3-63 外接圆的三角形

综合演练 绘制三相交流串励电机

实例路径： 实例 \CH03\ 综合演练 \ 绘制三相交流串励电机 .dwg
视频路径： 视频 \CH03\ 绘制三相交流串励电机 .avi

在学习本章知识内容后，下面将通过具体案例来巩固所学知识。本实例运用到的命令有"直线""圆""弧线""极轴追踪"等。

Step 01 执行"圆"命令，以任意点为圆心，绘制半径为 5mm 的圆形，如图 3-64 所示。

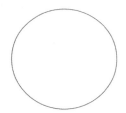

图 3-64 绘制圆形

Step 02 启动"极轴追踪"命令，将增量角设为30度，执行"直线"命令，以圆心为线段起点，沿着120度角的辅助虚线，绘制一条长 10mm 的斜线，如图 3-65 所示。

图 3-65 绘制斜线

Step 03 按照同样的方法，沿着 60 度角的辅助虚线，绘制 10mm 的斜线，如图 3-66 所示。

图 3-66 绘制另一条斜线

Step 04 在"修改"面板中单击"修剪 -/--"命令，根据命令行提示，先选择圆形，按回车键，然后选中圆内两条斜线，如图 3-67 所示。再次按回车键，完成图形修剪操作，如图 3-68 所示。

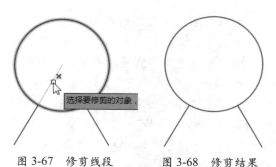

图 3-67 修剪线段　　图 3-68 修剪结果

Step 05 执行"直线"命令，以两条斜线端点为起点，分别向外绘制两条 2mm 的水平直线，如图 3-69 所示。

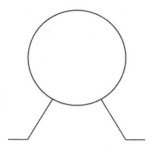

图 3-69　绘制两条直线

Step 06〉执行"直线"命令，以左侧直线端点为起点，将光标向上移动，绘制 17mm 的垂直线，如图 3-70 所示。

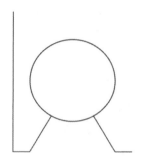

图 3-70　绘制垂直线

Step 07〉以右侧直线端点为起点，向上绘制 17mm 的垂直线，如图 3-71 所示。

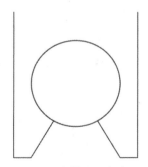

图 3-71　绘制另一条直线

Step 08〉执行"直线"命令，以捕捉圆形上方象限点为起点，向上绘制长 3.3mm 的垂直线，如图 3-72 所示。

Step 09〉执行"圆弧"→"起点"→"端点"→"半径"命令，以捕捉最右侧直线的端点为圆弧起点，向上移动鼠标，输入 3，然后按住 Ctrl 键，切换圆弧方向，输入半径 1.5，如图 3-73 所示。

按回车键，完成圆弧的绘制，结果如图 3-74 所示。

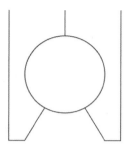

图 3-72　绘制垂直线

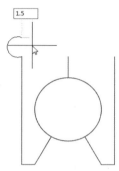

图 3-73　绘制圆弧

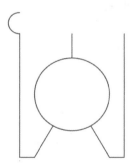

图 3-74　结果图

Step 10〉执行"圆弧"→"连续"命令，按住 Ctrl 键，切换圆弧方向，并输入圆弧端点距离为 3，如图 3-75 所示。按回车键，完成第二个圆弧的绘制，如图 3-76 所示。

Step 11〉继续执行"连续"命令，绘制第三个圆弧，如图 3-77 所示。

Step 12〉执行"直线"命令，以第三个圆弧端点为起点，绘制长 3mm 的垂直线，如图 3-78 所示。

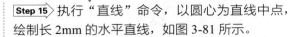

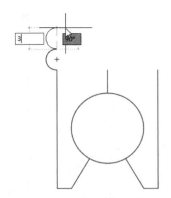

图 3-75 使用"连续"绘制圆弧

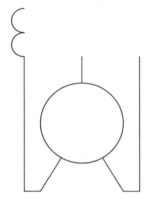

图 3-76 绘制第二个圆弧

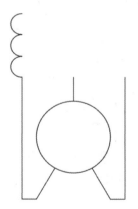

图 3-77 绘制第三个圆弧

Step 13 在"修改"面板中单击"复制"命令，选中圆弧和 3mm 长的垂直线，以第一个圆弧的起点为复制基点，将其移动至中间垂直线端点处，按回车键，完成复制操作，如图 3-79 所示。

Step 14 按照 Step9~12 叙述的步骤，绘制如图 3-80 所示的图形。

Step 15 执行"直线"命令，以圆心为直线中点，绘制长 2mm 的水平直线，如图 3-81 所示。

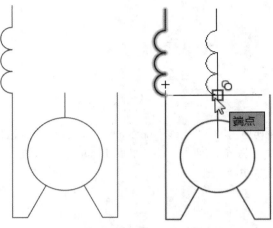

图 3-78 绘制直线　　　图 3-79 复制图形

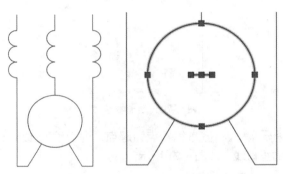

图 3-80 绘制相反图形　　图 3-81 绘制直线

Step 16 继续执行"直线"命令，绘制长 2mm 的直线，并于 2mm 水平线相互垂直，结果如图 3-82 所示。

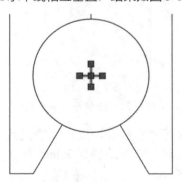

图 3-82 绘制直线

Step 17 在"修改"面板中单击"旋转"命令，选中两条垂直线，并指定其垂直点为旋转中心，旋转角度输入 45，旋转两条垂直线，如图 3-83

所示。

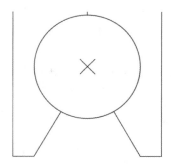

图 3-83　旋转垂直线

Step 18 选择交叉线，在"特性"面板中单击"对象颜色"下拉按钮，选择红色，完成交叉线颜色的更改操作，如图 3-84 所示。

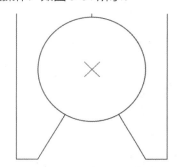

图 3-84　更改交叉线颜色

Step 19 在菜单栏中执行"绘图"→"文字"→"单行文字"命令，根据命令行提示，在圆形合适位置指定文字的起点，并输入文字高度，这里设为 3，旋转角度为 0，输入"M"字样，单击绘图区空白处，

然后按 ESC 键完成文字输入操作，如图 3-85 所示。

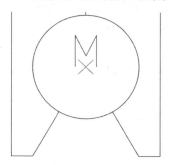

图 3-85　输入文字

Step 20 按照上一步操作，在圆形合适位置输入"3～"字样，设置文字高度为 2，结果如图 3-86 所示。至此三相交流串励电机图绘制完毕。

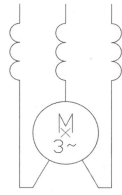

图 3-86　最终结果

上机操作

为了让读者能够更好地掌握本章所学习到的知识，本小节列举几个拓展案例，以供读者练习。

1. 绘制半导体符号

利用"直线""极轴追踪""圆"以及"多段线"命令，绘制半导体符号，如图 3-87 所示。

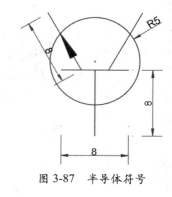

图 3-87　半导体符号

⚠ **操作提示：**

Step 01 ⟩ 执行"直线"和"极轴追踪"命令，绘制 T 字形线段与两条斜线。

Step 02 ⟩ 执行"多段线"命令，绘制箭头图形。

Step 03 ⟩ 执行"圆"命令，绘制最外侧的圆形。

2. 绘制电感器符号

利用"直线""弧线""圆"以及"多段线"命令，绘制电感器符号，如图 3-88 所示。

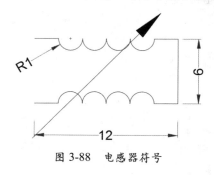

图 3-88　电感器符号

⚠ **操作提示：**

Step 01 ⟩ 执行"弧线"命令，绘制线圈。

Step 02 ⟩ 执行"直线"命令，绘制相关线路。

Step 03 ⟩ 执行"直线""多段线"和"极轴追踪"命令，绘制箭头符号。

第 **4** 章

编辑二维电气图形

在制图过程中，利用绘图工具无法一次性准确地绘制出图形。只有不断地对图形进行修改或编辑，才能得到满意的效果。AutoCAD 软件提供了多种编辑命令，其中包括复制、旋转、镜像、偏移、阵列、修剪以及分解。本章将详细介绍这些编辑命令的使用方法及应用技巧。

知识要点

▲ 编辑图形对象

▲ 图形图案的填充

▲ 修改图形对象

4.1 编辑图形对象

在 AutoCAD 软件中，若想快速绘制多个图形，则可以使用复制、偏移、镜像、阵列等命令。灵活运用这些命令，可提高绘图效率。

4.1.1 移动图形

移动图形是指在不改变图形方向和大小的情况下，按照指定的角度和方向进行移动操作。在 AutoCAD 中，用户可通过以下方法执行"移动"命令，如图 4-1、图 4-2 所示。

● 执行"修改"→"移动"命令。

● 在"默认"选项卡的"修改"面板中单击"移动"按钮❖。

● 在命令行中输入 M 命令并按回车键。

执行以上任意操作后，都可以启动"移动"命令，用户可根据命令行提示进行操作。

命令行提示如下。

```
命令：m
MOVE 找到 1 个                                          （选择所需移动对象）
指定基点或 [位移(D)] <位移>：                             （指定移动基点）
```

指定第二个点或 <使用第一个点作为位移>：　　　　　　　　　　（指定新位置点或输入移动距离值即可）

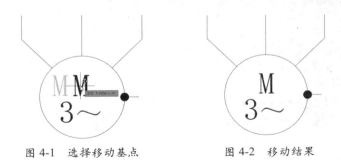

图 4-1　选择移动基点　　　　　　　　图 4-2　移动结果

4.1.2　复制图形

"复制"命令在制图中经常会遇到。复制对象则是将原对象保留，移动原对象的副本图形，复制后的对象将继承原对象的属性。在 AutoCAD 中可进行单个复制，也可根据需要进行连续复制。

在 AutoCAD 中，用户可通过以下方法执行"复制"命令。

● 执行"修改"→"复制"命令。

● 在"默认"选项卡的"修改"面板中单击"复制"按钮 。

● 在命令行中输入 CO 命令并按回车键。

执行以上任意操作后，根据命令行提示，选中要复制的图形，按回车键，指定图形的复制基点，然后指定新位置，再按回车键完成复制操作，如图 4-3、图 4-4、图 4-5 所示。

命令行提示如下。

命令：_copy
选择对象：指定对角点：找到 1 个
选择对象：　　　　　　　　　　　　　　　　　　　　（选择所需复制图形）
当前设置：复制模式 = 多个
指定基点或 [位移(D)/模式(O)] <位移>：　　　　　　（指定复制基点）
指定第二个点或 [阵列(A)] <使用第一个点作为位移>：　（指定新位置，按回车键完成）
指定第二个点或 [阵列(A)/退出(E)/放弃(U)] <退出>：*取消*

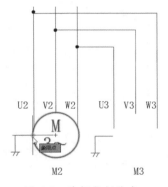
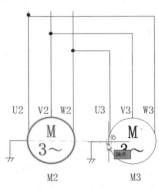
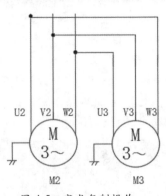

图 4-3　选择复制基点　　　　图 4-4　指定新位置　　　　图 4-5　完成复制操作

4.1.3　旋转图形

旋转图形是将图形对象按照指定的旋转基点进行旋转。在 AutoCAD 中，用户可通过以下方法执行"旋转"命令。

- 执行"修改"→"旋转"命令。
- 在"默认"选项卡的"修改"面板中单击"旋转"按钮○。
- 在命令行中输入 RO 命令并按回车键。

执行以上任意操作后，都可以启动"旋转"命令，用户可根据命令行提示进行操作，如图 4-6、图 4-7、图 4-8 所示。

命令行提示如下。

```
命令：_rotate
UCS 当前的正角方向：  ANGDIR=逆时针  ANGBASE=0
选择对象：指定对角点：找到 1 个
选择对象：                                    （选中图形对象）
指定基点：                                    （指定旋转基点）
指定旋转角度，或 [复制(C)/参照(R)] <0>：90    （输入旋转角度）
```

图 4-6　选择旋转图形　　　　图 4-7　设置旋转角度　　　　图 4-8　旋转结果

4.1.4　镜像图形

镜像图形是将选择的图形以两个点为镜像中心进行对称复制。在进行镜像操作时，用户需指定好镜像轴线，并根据需要选择是否删除或保留原对象。灵活运用"镜像"命令，可在很大程度上避免重复操作的麻烦。在 AutoCAD 中，用户可通过以下方法执行"镜像"命令。

- 执行"修改"→"镜像"命令。
- 在"默认"选项卡的"修改"面板中单击"镜像"按钮⚏。
- 在命令行中输入 MI 命令并按回车键。

执行以上任意操作后，根据命令行提示，选择所需图形对象，其后指定好镜像轴线，并确定是否删除原图形对象，最后按回车键，则可完成镜像操作，如图 4-9、图 4-10、图 4-11 所示。

命令行提示内容如下。

```
命令: mirror
选择对象:指定对角点: 找到 9 个                    (选中需要镜像图形)
选择对象:指定镜像线的第一点: 指定镜像线的第二点:    (指定镜像轴的起点和终点)
要删除源对象吗? [是(Y)/否(N)] <N>:              (选择是否删除原对象)
```

图 4-9　选择镜像图形

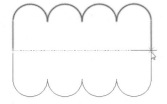

图 4-10　指定镜像轴线的起点与端点

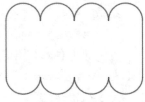

图 4-11　镜像结果

4.1.5　偏移图形

偏移图形是根据指定的距离或指定的某个特殊点,创建一个与选定对象类似的新对象,并将偏移的对象放置在离原对象一定距离的位置上,同时保留原对象。偏移的对象包括直线、圆弧、圆、椭圆、椭圆弧、二维多段线、构造线、射线和样条曲线组成的对象。

在 AutoCAD 中,用户可通过以下方法执行"偏移"命令。

● 执行"修改"→"偏移"命令。

● 在"默认"选项卡的"修改"面板中单击"偏移"按钮≗。

● 在命令行中输入 O 命令并按回车键。

执行以上任意操作后,首先在命令行中,输入偏移距离,其次选中要偏移的线段,最后移动光标指定偏移方向即可完成偏移操作,如图 4-12、图 4-13、图 4-14 所示。

命令行提示如下。

```
命令: o
OFFSET
当前设置: 删除源=否  图层=源  OFFSETGAPTYPE=0
指定偏移距离或 [通过(T)/删除(E)/图层(L)] <通过>: 80        (输入偏移距离)
选择要偏移的对象,或 [退出(E)/放弃(U)] <退出>:              (选择偏移对象)
指定要偏移的那一侧上的点,或 [退出(E)/多个(M)/放弃(U)] <退出>:  (指定偏移方向上的一点)
选择要偏移的对象,或 [退出(E)/放弃(U)] <退出>: *取消*
```

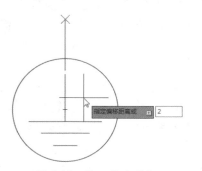

图 4-12　输入偏移距离

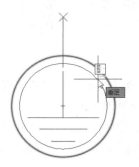

图 4-13　选择要偏移线段及偏移方向

图 4-14　偏移结果

✎ **绘图技巧**

使用"偏移"命令时，如果偏移的对象是直线，则偏移后的直线大小不变；如果偏移的对象是圆、圆弧和矩形，其偏移后的对象将被缩小或放大。

4.1.6 阵列图形

阵列命令是一种有规则的复制命令，它可创建按指定方式排列的多个图形副本。如果用户需要绘制一些有规则分布的图形时，就可以使用该命令。AutoCAD 软件提供了三种阵列选项，分别为矩形阵列、环形阵列以及路径阵列。

在 AutoCAD 软件中，用户可通过以下方法执行"阵列"命令。

● 执行"修改"→"阵列"→"矩形阵列▦/路径阵列↷/环形阵列❖"命令。

● 在"默认"选项卡的"修改"面板中单击"矩形阵列"/"路径阵列"/"环形阵列"按钮。

● 在命令行中输入 AR 命令并按回车键。

1. 矩形阵列

矩形阵列是通过设置行数、列数、行偏移和列偏移来对选择的对象进行复制。在执行"矩形阵列"命令后，系统将自动生成 3 行 4 列的阵列形状。用户只需在"阵列"选项卡中，根据需要对"列数""行数"以及间距值等一些相关参数进行设置即可，如图 4-15、图 4-16、图 4-17 所示。

图 4-15　选中阵列对象　　　图 4-16　设置列数、行数参数　　　图 4-17　2 行 2 列

执行"矩形阵列"命令后，在"阵列"选项卡中，用户可对阵列后的图形进行编辑修改，如图 4-18 所示。

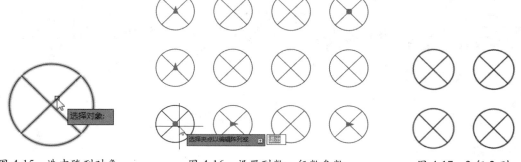

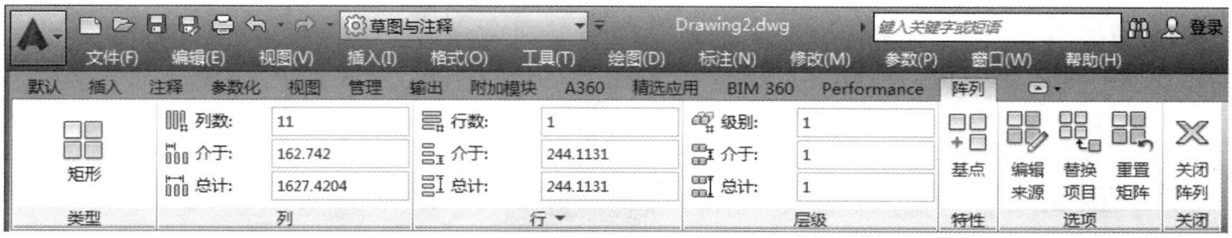

图 4-18　"阵列"选项卡

2. 环形阵列

环形阵列是指阵列后的图形呈环形。使用环形阵列时也需要设定有关参数，其中包括中心点、方法、项目总数和填充角度。与矩形阵列相比，环形阵列创建出的阵列效果更灵活。

执行"环形阵列"命令后，系统默认阵列数为6，用户可根据需要更改其参数，如图4-19、图4-20、图4-21所示。

知识拓展

在使用"阵列"命令后，其图形将自动组合成块。如果要对其图形进行再次编辑，就需要先对图形进行分解。

图 4-19 选择阵列对象

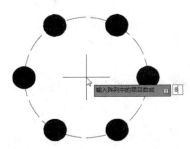

图 4-20 指定阵列中心及阵列参数

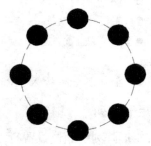

图 4-21 完成环形阵列

环形阵列操作完毕后，选中阵列图形，同样会打开"阵列"选项卡。在该选项卡中，用户同样可对阵列后的图形进行编辑，如图4-22所示。

图 4-22 "阵列"选项卡

3. 路径阵列

路径阵列是根据所指定的路径进行阵列，例如曲线、弧线、折线等所有开放型线段。执行"路径阵列"命令后，先选择所要阵列图形对象，其后选择路径曲线，并输入阵列数目即可完成路径阵列操作，如图4-23、图4-24、图4-25所示。

图 4-23 阵列前效果

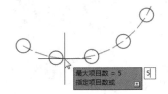

图 4-24 阵列后效果

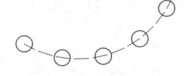

图 4-25 阵列结果

同样，在执行"路径阵列"命令后，系统也会打开"阵列"选项卡。该选项卡与其他阵列相似，都可对阵列后的图形进行编辑操作，如图 4-26 所示。

图 4-26　"阵列"选项卡

实战——绘制电动机图形符号

本例将利用"偏移"和"镜像"命令，绘制电动机图形符号。

Step 01 执行"圆"命令，绘制半径为 15mm 的圆形，如图 4-27 所示。

Step 02 启动"极轴追踪"命令，将增量角设为 45。执行"直线"命令，指定圆心为直线起点，沿 135 度的虚线绘制长 30mm 的斜线，如图 4-28 所示。

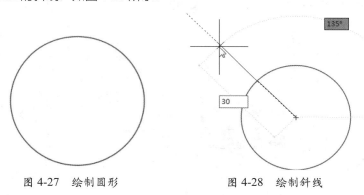

图 4-27　绘制圆形　　　　图 4-28　绘制斜线

Step 03 执行"直线"命令，以刚绘制的斜线端点为直线起点，向上移动光标，绘制长 9mm 的垂直线，如图 4-29 所示。

Step 04 在"修改"面板中单击"镜像"命令，选中斜线和垂直线，按回车键，以圆心和圆形上方象限点为镜像线，如图 4-30 所示。按回车键，完成镜像操作，结果如图 4-31 所示。

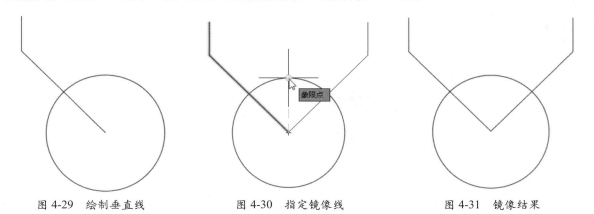

图 4-29　绘制垂直线　　　图 4-30　指定镜像线　　　图 4-31　镜像结果

Step 05 在"修改"面板中，单击"偏移"命令，根据命令行提示，先输入偏移距离为21，如图4-32所示。然后选中图形左侧9mm垂直线段，按回车键，向右移动光标并指定好偏移方向，再次按回车键，完成偏移操作，如图4-33、图4-34所示。

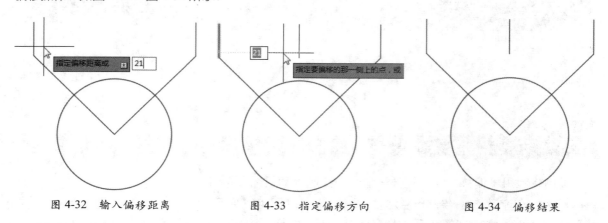

图 4-32　输入偏移距离　　　　图 4-33　指定偏移方向　　　　图 4-34　偏移结果

Step 06 选中偏移后的直线段，并指定线段下方夹点，当其呈红色显示时，将其拉伸至圆形轮廓上，如图4-35所示。按ESC键完成线段拉伸操作，结果如图4-36所示。

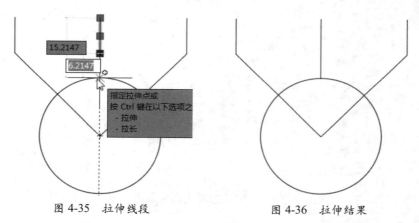

图 4-35　拉伸线段　　　　　　　图 4-36　拉伸结果

Step 07 在"修改"面板中单击"修剪"按钮，按照命令行提示，先选择圆形，按回车键，再选择要剪去的线段，按回车键，完成图形的修剪操作，如图4-37、图4-38所示。

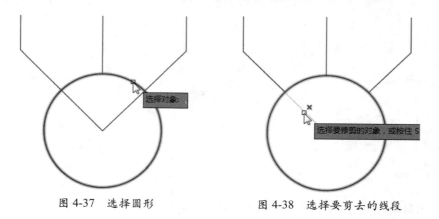

图 4-37　选择圆形　　　　　　　图 4-38　选择要剪去的线段

Step 08〉在"注释"面板中单击"文字"→"单行文字"命令，根据命令行提示，在圆形内指定文字的起点位置，将文字高度设为 8，旋转角度为 0，输入文字内容"M"，如图 4-39 所示。

Step 09〉按照同样的操作，输入"3"字样，并将其移至图形合适位置，如图 4-40 所示。

Step 10〉执行"样条曲线"命令，绘制一段曲线，如图 4-41 所示。

图 4-39　输入"M"　　　　图 4-40　输入"3"　　　　图 4-41　绘制曲线

Step 11〉执行"圆"命令，以圆形右侧象限点为圆心，绘制半径为 1.5mm 的圆形，并执行"直线"命令，绘制一条 5mm 的水平线，如图 4-42 所示。

Step 12〉在"绘图"面板中单击"图案填充"命令，在"图案"面板中选择"SOLID"图案样式，然后选择刚绘制的小圆，将其填充，如图 4-43 所示。至此电动机图形符号绘制完毕。

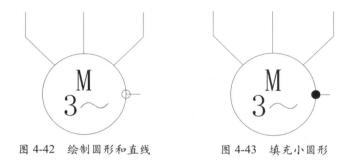

图 4-42　绘制圆形和直线　　　　图 4-43　填充小圆形

4.2　修改图形对象

　　在图形绘制完毕后，有时会根据需要对图形进行修改。AutoCAD 软件提供了多种图形修改命令，其中包括"倒角""倒圆角""打断"以及"分解"等。下面介绍这些修改命令的操作方法。

4.2.1　拉伸图形

　　拉伸是将对象沿指定的方向和距离进行延伸，拉伸后与原对象是一个整体，只是长度会发生改变。执行"修改"→"拉伸"命令，根据命令行提示，选择要拉伸的图形对象，指定拉伸基点，输入拉伸距离或指定新基点即可完成，如图 4-44、图 4-45、图 4-46 所示。

　　命令行提示内容如下。

```
命令: _stretch
以交叉窗口或交叉多边形选择要拉伸的对象...
选择对象: 指定对角点: 找到 45 个            (选择所需拉伸的图形, 使用窗交方式选择)
选择对象:
指定基点或 [位移(D)] <位移>:                (指定拉伸基点)
指定第二个点或 <使用第一个点作为位移>:        (指定拉伸新基点)
```

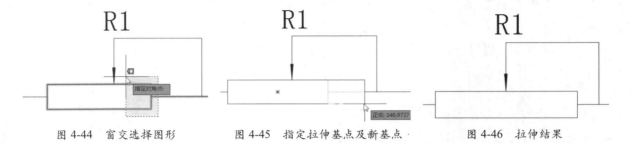

图 4-44　窗交选择图形　　　图 4-45　指定拉伸基点及新基点　　　图 4-46　拉伸结果

知识拓展

　　　在进行拉伸操作时，矩形和块图形是不能被拉伸的。如要将其拉伸，需将其进行分解后才可进行操作。在选择拉伸图形时，通常运用窗交方式来选取图形。

4.2.2　缩放图形

　　比例缩放是将选择的对象按照一定的比例来进行放大或缩小。在 AutoCAD 中，用户可通过以下方法执行"缩放"命令，如图 4-47、图 4-48 所示。

- 执行"修改"→"缩放"命令。
- 在"默认"选项卡的"修改"面板中单击"缩放"按钮 。
- 在命令行中输入 SC 命令并按回车键。

命令行提示如下。

```
命令: _scale
选择对象: 指定对角点: 找到 1 个              (选择对象)
选择对象:                                   (按回车键)
指定基点:                                   (指定缩放基点)
指定比例因子或 [复制(C)/参照(R)]:0.5         (输入缩放比例, 回车完成操作)
```

　　命令行中各选项含义介绍如下。

　　● 比例因子：按指定的比例放大选定对象的尺寸。大于 1 的比例因子使对象放大。介于 0 和 1 之间的比例因子使对象缩小。

　　● 复制：创建要缩放的选定对象的副本。

　　● 参照：按参照长度和指定的新长度缩放所选对象。

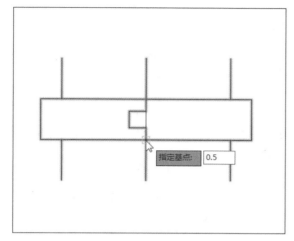

图 4-47　指定缩放基点及设置缩放比例

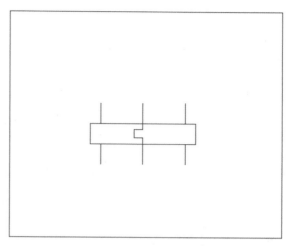

图 4-48　缩放结果

4.2.3　延伸图形

"延伸"命令是将指定的图形对象延伸到指定的边界。用户可通过下列方法执行"延伸"命令。

● 执行"修改"→"延伸"命令。

● 在"默认"选项卡的"修改"面板中单击"修剪"下拉按钮，选择"延伸┈╱"选项。

● 在命令行中输入 EX 命令并按回车键。

执行以上任意操作后，都可以启动"延伸"命令，用户可根据命令行提示，选择所需延伸到的边界线，按回车键，其后选择要延伸的线段即可，如图 4-49、图 4-50、图 4-51 所示。

命令行提示如下。

```
命令: _extend
当前设置:投影=UCS,边=无
选择边界的边...
选择对象或 <全部选择>: 找到 1 个
选择对象: 找到 1 个,总计 2 个              (选择所需延长到的线段,按回车键)
选择对象:
选择要延伸的对象,或按住 Shift 键选择要修剪的对象,或[栏选(F)/窗交(C)/投影(P)/边(E)/放弃
(U)]:
(选择要延长的线段)
```

知识拓展

在绘图过程中，如果遇到要闭合某一图形时，除了使用"延伸"和"修剪"命令外，还可以灵活运用"倒圆角"命令来闭合图形。用户只需将倒圆角的圆角半径设为 0，然后选择要闭合的两条线段即可。

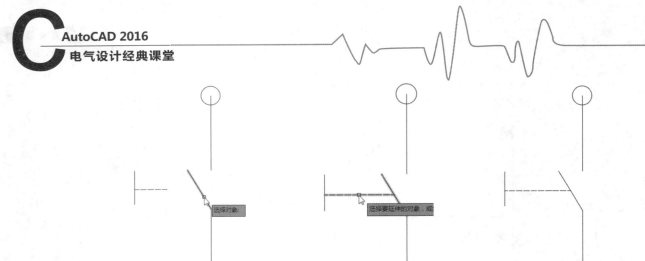

图 4-49　选择要延伸到的边界线　　　图 4-50　选择延伸线段　　　图 4-51　完成延伸操作

4.2.4　倒角和圆角

　　"倒角"命令可将两个图形对象以平角或倒角的方式来连接。在实际的图形绘制中，通过"倒角"命令可将直角或锐角进行倒角处理。在 AutoCAD 软件中，用户可通过以下方法来执行倒角命令。

- 执行菜单栏中的"修改"→"倒角"命令。
- 在"默认"选项卡的"修改"面板中单击"倒角"按钮 ▱。
- 在命令行中输入 CHA 命令并按回车键。

　　执行以上任意操作后，都可启动"倒角"命令，用户可根据命令行提示进行操作，结果如图 4-52、图 4-53 所示。

　　命令行提示如下。

```
命令：_chamfer
("修剪"模式) 当前倒角距离 1 = 0.0000，距离 2 = 0.0000
选择第一条直线或 [放弃(U)/多段线(P)/距离(D)/角度(A)/修剪(T)/方式(E)/多个(M)]：d (选择
"距离"选项)
指定 第一个 倒角距离 <0.0000>：5                          (输入第一条倒角距离值)
指定 第二个 倒角距离 <50.0000>：5                         (输入第二条倒角距离值)
选择第一条直线或 [放弃(U)/多段线(P)/距离(D)/角度(A)/修剪(T)/方式(E)/多个(M)]：
选择第二条直线，或按住 Shift 键选择直线以应用角点或 [距离(D)/角度(A)/方法(M)]：      (选择两
条倒角边)
```

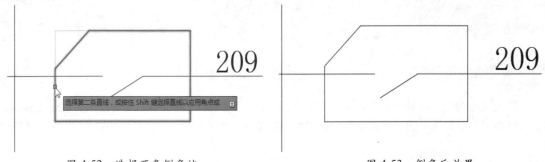

图 4-52　选择两条倒角边　　　　　　　　图 4-53　倒角后效果

"圆角"命令可按指定半径的圆弧并与对象相切来连接两个对象。在 AutoCAD 软件中，用户可通过以下方法来执行"圆角"命令。

- 执行"修改"→"圆角"命令。
- 在"默认"选项卡的"修改"面板中单击"圆角"按钮◠。
- 在命令行中输入 F 命令并按回车键。

执行以上任意操作后，都可启动"圆角"命令，用户可根据命令行提示进行操作，如图 4-54、图 4-55 所示。

命令行提示如下。

```
命令：_FILLET
当前设置：模式 = 修剪，半径 = 0.0000
选择第一个对象或 [放弃(U)/多段线(P)/半径(R)/修剪(T)/多个(M)]：r          （选择"半径"选项）
指定圆角半径 <0.0000>：5                                              （输入圆角半径值）
选择第一个对象或 [放弃(U)/多段线(P)/半径(R)/修剪(T)/多个(M)]：          （选择两条倒角边，回车即可）
选择第二个对象，或按住 Shift 键选择对象以应用角点或 [半径(R)]：
```

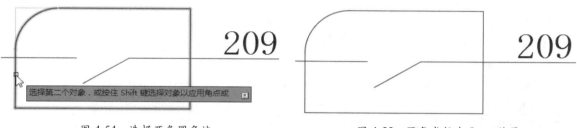

图 4-54　选择两条圆角边　　　　　　　　图 4-55　圆角半径为 5mm 效果

4.2.5　修剪图形

"修剪"命令是将超过修剪边的线段修剪掉。在 AutoCAD 中，用户可通过以下方法执行"修剪"命令。

- 执行"修改"→"修剪"命令。
- 在"默认"选项卡的"修改"面板中单击"修剪"按钮-/--。
- 在命令行中输入 TR 命令并按回车键。

执行以上任意操作后，都可以启动"修剪"命令，用户可根据命令行提示进行操作，如图 4-56、图 4-57、图 4-58 所示。

命令行提示如下。

```
命令：_trim
当前设置：投影=UCS，边=无
选择剪切边...
选择对象或 <全部选择>：  找到 1 个                   （选择修剪边线，按回车键）
选择对象：
选择要修剪的对象，或按住 Shift 键选择要延伸的对象，或
[栏选(F)/窗交(C)/投影(P)/边(E)/删除(R)/放弃(U)]：     （选择要修剪的线段，回车，完成操作）
```

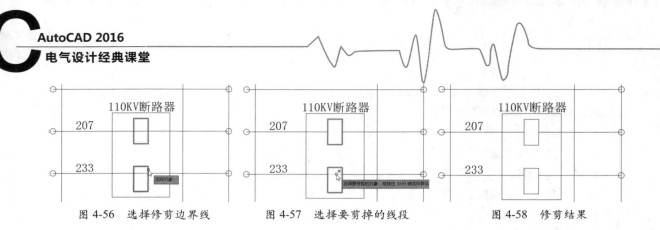

图 4-56　选择修剪边界线　　　　图 4-57　选择要剪掉的线段　　　　图 4-58　修剪结果

4.2.6　打断图形

"打断"命令可将直线、多段线、圆弧或样条曲线等图形分为两个图形对象，或将其中一部分删除。在 AutoCAD 中，用户可通过以下方法执行"打断"命令。

● 执行"修改"→"打断"命令。
● 在"默认"选项卡的"修改"面板中单击该面板下拉按钮，选择"打断🖰"命令选项。
● 在命令行中输入 BR 命令并按回车键。

执行以上任意操作后，都可以启动"打断"命令，用户可根据命令行提示，选择一条要打断的线段，并选择两点作为打断点，即可完成打断操作，如图 4-59、图 4-60 所示。

命令行提示如下。

```
命令：_break
选择对象：                                    （选择打断对象）
指定第二个打断点 或 [第一点(F)]：            （指定打断点，完成操作）
```

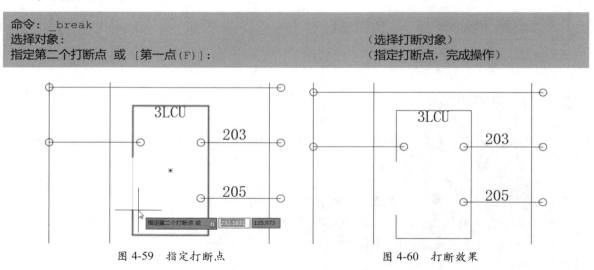

图 4-59　指定打断点　　　　　　　　图 4-60　打断效果

4.2.7　分解图形

分解图形是将多段线、面域或块对象分解成独立的线段。在 AutoCAD 软件中，用户可通过以下方法执行"分解"命令。

● 执行"修改"→"分解"命令。
● 在"默认"选项卡的"修改"面板中单击"分解"按钮🗗。
● 在命令行中输入 X 命令并按回车键。

执行以上任意操作后，都可以启动"分解"命令，用户可根据命令行提示进行操作，如图 4-61、图 4-62 所示。

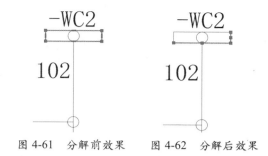

图 4-61　分解前效果　　图 4-62　分解后效果

命令行提示如下。

```
命令：_explode
选择对象：指定对角点：找到 1 个                    （选择所要分解的图形）
选择对象：                                      （按回车键即可完成）
```

实战——绘制信号器件图形

本实例将利用"直线""镜像""圆""修剪"等命令，绘制信号器件图形。

Step 01 执行"直线"命令，绘制长 40mm 的水平线段。执行"旋转"命令，选中该线段，并指定该线段的中点为旋转基点，向下移动鼠标，输入 C，选择"复制"选项，按回车键，然后输入旋转角度 90，按回车键，完成旋转复制操作，如图 4-63、图 4-64 所示。

图 4-63　输入旋转角度　　　　　　　　　　图 4-64　旋转结果

Step 02 再次执行"旋转"命令，选中两条垂直线，并指定垂直点为旋转基点，输入旋转角度 45，按回车键，完成旋转操作，如图 4-65、图 4-66 所示。

图 4-65　输入旋转角度　　　　　　　　　　图 4-66　旋转结果

Step 03 执行"圆"命令，以垂直点为圆心，绘制半径为 20mm 的圆，完成信号灯图形的绘制，如图 4-67 所示。

Step 04 执行"直线"命令，绘制长 20mm 的直线，并执行"圆"命令，绘制半径为 10mm 的圆，如图 4-68 所示。

Step 05 执行"修剪"命令，选中直线，按回车键，选择圆形左半边弧线，如图 4-69 所示。按回车键，完成图形修剪操作，如图 4-70 所示。

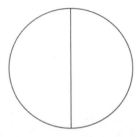

图 4-67　绘制信号灯　　　　图 4-68　绘制圆和直线　　　图 4-69　选择要剪掉的弧线　图 4-70　修剪结果

Step 06 执行"直线"命令，在距离半圆形顶点向下 4mm 处，绘制长 6mm 水平线以及 18mm 的垂直线，如图 4-71 所示。

Step 07 执行"镜像"命令，选中刚绘制的两条线段，以半圆中点为镜像点，进行镜像操作，如图 4-72、图 4-73 所示。

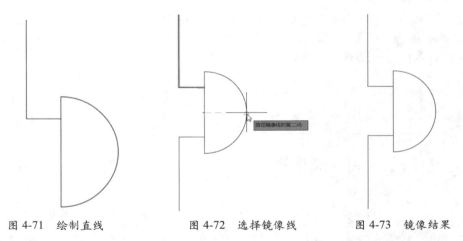

图 4-71　绘制直线　　　　　图 4-72　选择镜像线　　　　图 4-73　镜像结果

4.3　图形图案的填充

图案填充是一种使用图形图案对指定的图形区域进行填充的操作。用户可使用图案进行填充，也可使用渐变色进行填充。填充完毕后，还可对填充的图形进行编辑操作。

在 AutoCAD 软件中，用户可通过以下方法对一些封闭的图形进行图案填充。

● 执行"绘图"→"图案填充"命令。

● 在"默认"选项卡的"绘图"面板中单击"图案填充"按钮。

● 在命令行中输入 H 命令并按回车键。

执行"图案填充"命令后，可打开"图案填充创建"选项卡。在该选项卡中，用户可根据需要设置图案类型、填充颜色、填充比例、填充角度等参数，如图4-74所示。

图 4-74 "图案填充创建"选项卡

实战——绘制暗装开关符号

本例将利用"圆""直线""偏移""修剪"和"图案填充"命令，绘制暗装开关符号。

Step 01 执行"直线"命令，绘制长300mm和长170mm的两条相互垂直的直线，如图4-75所示。

Step 02 执行"偏移"命令，将水平线向下偏移100mm，如图4-76所示。

Step 03 执行"圆"命令，以偏移后的水平线中点为圆心，绘制半径为100mm的圆，如图4-77所示。

Step 04 执行"偏移"命令，将水平线向上偏移20mm，如图4-78所示。

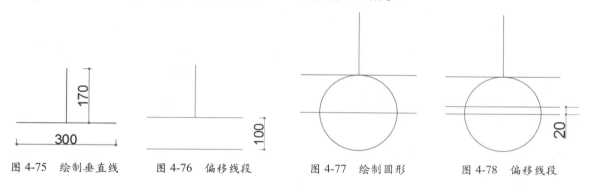

图 4-75 绘制垂直线　　图 4-76 偏移线段　　图 4-77 绘制圆形　　图 4-78 偏移线段

Step 05 执行"修剪"命令，对图形进行修剪，如图4-79所示。

Step 06 执行"图案填充"命令，在"图案填充创建"选项卡的"图案"面板中选择填充图案，这里选择"SOLID"图样，然后选择图形填充区域，按回车键即可完成填充操作，如图4-80、图4-81所示。至此，暗装开关符号绘制完毕。

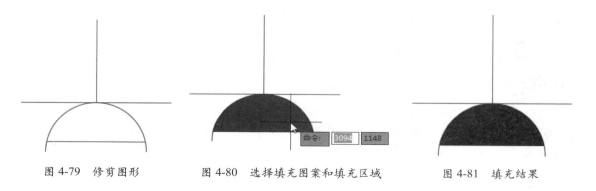

图 4-79 修剪图形　　图 4-80 选择填充图案和填充区域　　图 4-81 填充结果

综合演练 绘制输电保护工程图

实例路径： 实例 \CH04\ 综合演练 \ 绘制输电保护工程图 .dwg
视频路径： 视频 \CH04\ 绘制输电保护工程图 .avi

　　在学习本章知识内容后，下面将通过具体案例来巩固所学的知识。本实例运用到的命令有"直线""矩形""复制""偏移""修剪"等。

Step 01 执行"矩形"命令，绘制一个长 90mm、宽 40mm 的矩形，如图 4-82 所示。

图 4-82　绘制矩形

Step 02 执行"矩形"命令，再分别绘制一个长 20mm、宽 35mm 和一个长 30mm、宽 20mm 的矩形，并将图形放置到合适位置，其尺寸关系如图 4-83 所示。

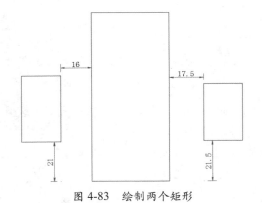

图 4-83　绘制两个矩形

Step 03 继续执行"矩形"命令，绘制长 20mm、宽 12mm 的长方形，并将图形放置到合适位置，结果如图 4-84 所示。

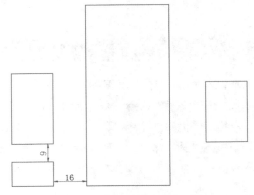

图 4-84　绘制第三个矩形

Step 04 执行"直线"命令，在图形左侧合适位置，绘制一条长 100mm 的直线，其尺寸关系如图 4-85 所示。

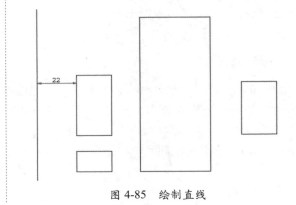

图 4-85　绘制直线

绘图技巧

　　在绘制矩形时，用户可以根据习惯来绘制，除了以上正文介绍的通过添加"@"符号绘制矩形外，还可以在启动"矩形"命令后，在命令行中指定好矩形的起点，然后输入 D，按回车键，再次根据提示输入矩形的长、宽值，按回车键即可。

Step 05 执行"偏移"命令，输入偏移距离为 16，按回车键，选择直线，向右移动光标，并指定偏移方向，按回车键，完成偏移操作，如图 4-86 所示。

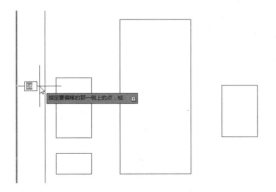

图 4-86 偏移直线

Step 06 继续执行"偏移"命令，按照以上同样的方法，将直线向右依次偏移 124mm 和 16mm，如图 4-87 所示。

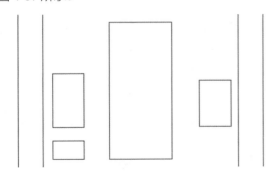

图 4-87 继续偏移直线

Step 07 执行"直线"命令，绘制长 45mm 的水平直线和一条长 10mm 的垂直线，将图形放置到合适位置，如图 4-88 所示。

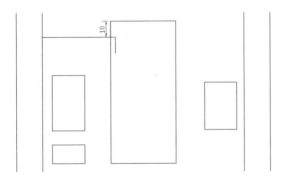

图 4-88 绘制直线

Step 08 执行"偏移"命令，将长 45mm 的水平线依次向下偏移 20mm、15mm、15mm 和 25mm，如图 4-89 所示。

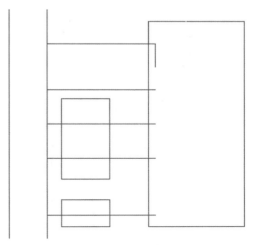

图 4-89 偏移直线

Step 09 执行"延伸"命令，根据命令行提示，先选中最外侧垂直线，按回车键，然后选择刚刚偏移的直线，将其延长至最外侧的垂直线上，如图 4-90 所示。

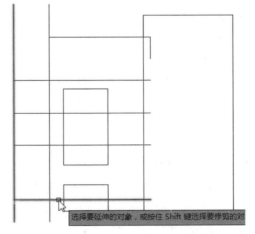

图 4-90 延伸直线

Step 10 执行"打断"命令，选择第三条水平线，将光标向右移动，并输入 16。按回车键完成打断操作，如图 4-91 所示。

Step 11 继续执行"打断"命令，选中第四条水平直线起始位置，将光标向右移动，并输入 40，如

图 4-92 所示。

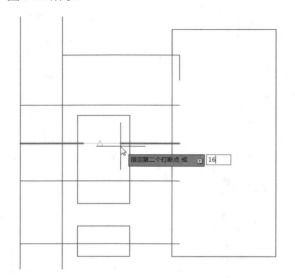

图 4-91　打断直线

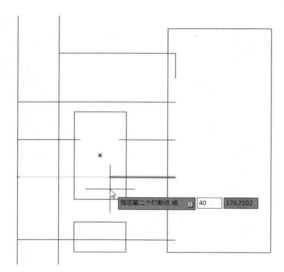

图 4-92　打断第四条直线

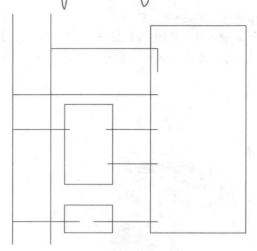

图 4-93　打断最后一条直线

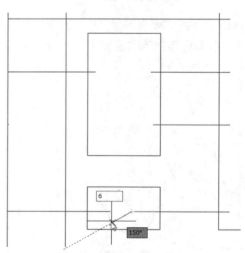

图 4-94　绘制斜线

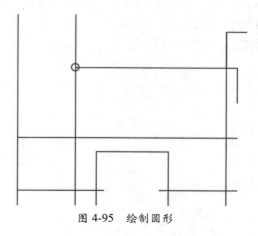

图 4-95　绘制圆形

Step 12 按照以上同样的方法，打断最后一条水平线，打断距离为 6，结果如图 4-93 所示。

Step 13 启动"极轴追踪"命令，将增量角设为30，执行"直线"命令，捕捉最后一条直线，右侧打断点为起点，沿着 150 度辅助虚线，绘制 6mm 的斜线，完成开关图形的绘制，如图 4-94 所示。

Step 14 执行"圆"命令，绘制半径为 1mm 的圆形，并放置在其中一条线段的端点上，如图 4-95 所示。

Step 15 执行"复制"命令，选中小圆形，并指定圆心为复制基点，将其复制到其他线段端点上，如图 4-96 所示。

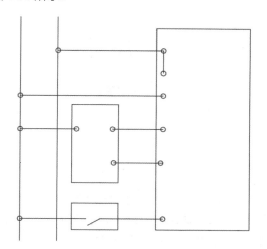

图 4-96 复制圆形至线段端点上

Step 16 执行"矩形"命令，绘制长 10mm、宽 2mm 的矩形，并将图形放置到最左侧线段顶点位置，如图 4-97 所示。

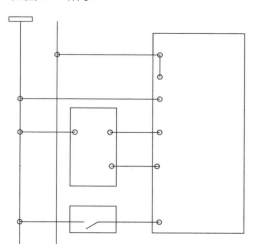

图 4-97 绘制矩形

Step 17 执行"圆"命令，以矩形中点为圆心，绘制半径为 1mm 的小圆形。执行"复制"命令，将矩形和小圆形复制到右侧直线顶点位置上，如图 4-98 所示。

Step 18 执行"镜像"命令，选中如图 4-99 所示的图形，按回车键，捕捉大矩形上下两边线的中点为

镜像线，按回车键，完成图形镜像操作，如图 4-100 所示。

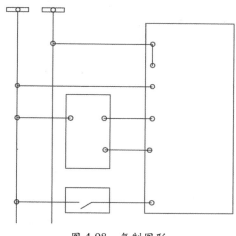

图 4-98 复制图形

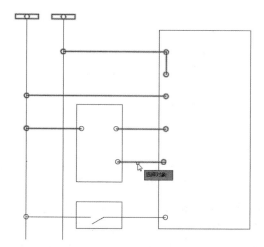

图 4-99 选择镜像图形

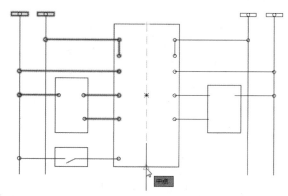

图 4-100 选择镜像线镜像图形

Step 19 执行"矩形"命令，绘制长 9mm、宽 5mm 的小矩形，放置右侧大矩形内，如图 4-101 所示。执行"镜像"命令，选中刚绘制的小矩形，以捕捉大矩形左、右两边线的中点为镜像线，将小矩形进行镜像，如图 4-102 所示。

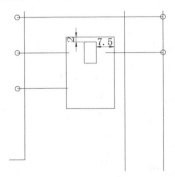

图 4-101　绘制小矩形

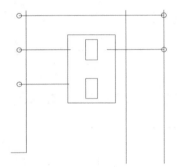

图 4-102　镜像小矩形

Step 20 执行"延伸"命令，将周围线段延伸至小矩形上，如图 4-103 所示。然后执行"镜像"命令，将最后一条水平线及圆形以矩形中线为镜像线，进行镜像操作，如图 4-104 所示。

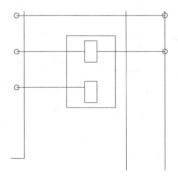

图 4-103　延伸线段

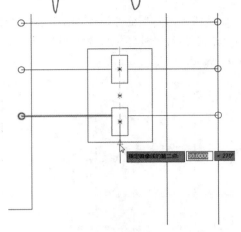

图 4-104　镜像小矩形

Step 21 在"注释"面板中单击"文字"→"单行文字"按钮，根据命令行提示，将文字高度设为 3，旋转角度为 0，输入文字内容后，单击空白处，并按 ESC 键完成输入操作，如图 4-105 所示。

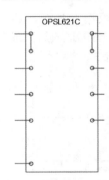

图 4-105　输入文字

Step 22 执行"复制"命令，将输入好的文字复制到其他两个矩形合适位置上，如图 4-106 所示。双击文字，进入文字编辑状态，修改文字内容，单击空白处即可，如图 4-107 所示。

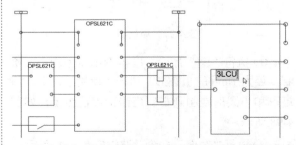

图 4-106　复制文字　图 4-107　修改文字内容

Step 23 再次执行"单行文字"命令,将文字高度设为 2.5,旋转角度为 0,输入其他文字,并执行"复制"命令,将其复制到每条线段的端点处,如图 4-108 所示。

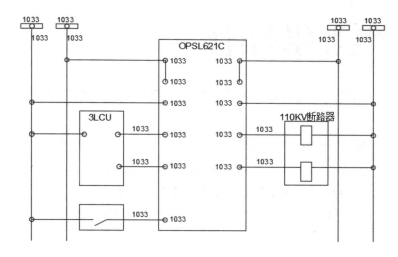

图 4-108　复制文字

Step 24 双击要修改的文字,修改其文字内容。至此输电保护工程图绘制完毕,结果如图 4-109 所示。

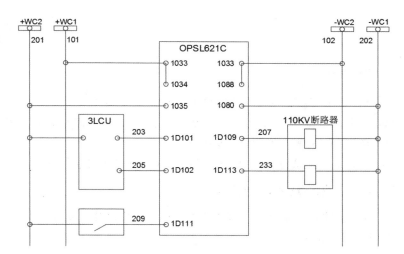

图 4-109　修改文字内容

为了让读者能够更好地掌握本章所学习到的知识，下面将列举两个操作题来对本章内容进行巩固。

1. 绘制热电器件图形符号

利用"矩形""直线""修剪""偏移"以及"多段线"命令绘制热电器图形符号，如图 4-110 所示。

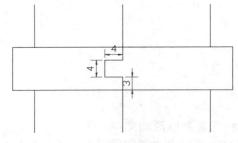

图 4-110　热电器件图形符号

⚠ **操作提示：**

Step 01 执行"矩形"命令，绘制 50×10mm 的矩形。

Step 02 执行"直线"和"偏移"命令，绘制长 30mm 的直线，并将其向右依次偏移 20mm、20mm。

Step 03 执行"修剪"命令，修剪图形。

Step 04 执行"多段线"命令，按照图 4-110 所示的尺寸绘制图形。

2. 绘制三相变压器图形符号

利用"圆""直线""修剪""极轴追踪"以及"单行文字"命令，绘制三相变压器图形符号，如图 4-111 所示。

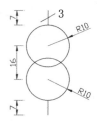

图 4-111　三相变压器图形符号

⚠ **操作提示：**

Step 01 执行"直线"和"圆"命令，绘制长 50mm 的垂直线，然后在该直线上绘制两个半径为 10mm 的圆。

Step 02 执行"修剪"命令，修剪圆内的直线。

Step 03 执行"直线""极轴追踪"以及"单行文字"命令，绘制图形其他部分。

第 5 章

为电气图形添加图块

在 AutoCAD 制图过程中，使用图块功能，可将一些经常使用到的图形快速添加到图纸中，这样一来，就可提高绘图效率。本章将围绕着图块这一功能，向用户介绍其具体操作方法，其中包括图块的创建、保存、插入以及编辑等。通过对本章内容的学习，希望用户可以掌握图块的相关知识及应用技巧。

知识要点

- ▲ 图块的应用
- ▲ 编辑图块属性

- ▲ 外部参照的使用
- ▲ 设计中心的应用

5.1 图块的应用

图块是一个或多个图形对象组成的对象集合，它是一个整体，多用于绘制重复或复杂的图形。将几个对象组合成图块后，就可根据绘图的需要将这组对象插入到绘图区中，并可对图块进行缩放及旋转等操作。下面将介绍图块的创建与插入操作。

5.1.1 创建图块

在 AutoCAD 中，图块的创建包含两种类型，分别为内部图块和外部图块。其中内部图块是与定义它的图形文件一起保存的，储存在图形文件内部，因此只能在当前图形文件中使用，不能调入其他图形中。而外部图块是将图块保存为独立的图形文件，它比内部块使用的范围广一些。

1. 创建内部图块

在 AutoCAD 中，可通过以下方法来创建内部图块。

- 执行"绘图"→"块"→"创建"命令。
- 在"默认"选项卡的"块"面板中单击"创建"按钮 ⚏。

● 在命令行中输入 B 命令并按回车键。

执行以上任意操作后，即可打开"块定义"对话框，如图 5-1 所示。

在"块定义"对话框中，单击"选择对象"按钮，在绘图区中选择所需图形，按回车键返回对话框。继续单击"拾取点"按钮，在图形中指定选取基点，返回对话框，在"名称"文本框中输入新名称，单击"确定"按钮即可将图形对象创建成块。

图 5-1　"块定义"对话框

2. 创建外部图块

创建外部图块，也可以称之为储存图块。在 AutoCAD 中，用户可通过以下方法来创建外部块。

● 在"插入"选项卡的"块定义"面板中，单击"创建块"下拉按钮，选择"写块"选项即可。

● 在命令行中输入 W 命令并按回车键。

执行以上任意操作后，即可打开"写块"对话框，在该对话框中，单击"选择对象"按钮，选择图块，单击"拾取点"按钮，指定图块的拾取基点，然后设置好保存路径及插入单位，单击"确定"按钮，完成图块的保存操作，如图 5-2 所示。

图 5-2　"写块"对话框

实战——创建与保存接地符号图块

本例将以创建接地符号图块为例，来介绍图块的创建操作。

Step 01 打开"单片机线路图"素材文件。在"插入"选项卡的"块定义"面板中单击"创建块"按钮，在"块定义"对话框中单击"选择对象"按钮，如图 5-3 所示。

Step 02 在绘图区中，框选接地符号图形，如图 5-4 所示。

图 5-3 选择对象

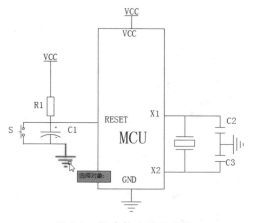

图 5-4 框选接地符号图形

Step 03 按回车键，返回至"块定义"对话框，单击"拾取点"按钮。然后在绘图区中捕捉接地符号的端点，如图 5-5 所示。

Step 04 返回到对话框中，输入块名称，然后单击"确定"按钮，如图 5-6 所示。

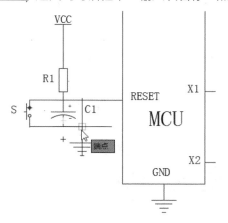

图 5-5 捕捉拾取点

图 5-6 输入块名称

Step 05 此时，该接地符号已创建成块。按照同样的操作，将其他两个接地图形创建成块，如图 5-7 所示。

Step 06 在"块定义"面板中单击"写块"按钮，打开"写块"对话框。同样单击"选择对象"按钮，如图 5-8 所示。

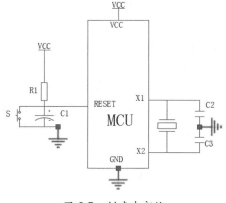

图 5-7 创建内部块

图 5-8 打开"写块"对话框

Step 07 在绘图区中，选择刚创建的接地图块，按回车键返回到"写块"对话框，单击"拾取点"按钮，指定接地的端点为拾取点，再次返回到对话框中，如图 5-9 所示。

Step 08 将"插入单位"设为毫米，单击"文件名和路径"后的图标按钮 ，打开"浏览图形文件"对话框，设置好图块保存路径及文件名，单击"保存"按钮，如图 5-10 所示。

知识拓展

　　在利用"块定义"对话框创建块时，其图块的命名不能与已有的图块名重复，一定要区分，否则将无法成块。

　　块是一组图形对象的总称。AutoCAD 把块作为一个单独的、完整的对象来操作。用户可根据需要将图块按照缩放系数和旋转角度插入到图纸指定的任意位置，但无法修改块中的图形对象。若要编辑块中对象，必须使用"分解"命令将其分解，然后再进行编辑，或者在"块编辑器"中编辑。

图 5-9　选择拾取点

图 5-10　设置保存路径及文件名

Step 09 返回到上一层对话框。单击"确定"按钮即可完成该图块的保存操作。

5.1.2　插入图块

　　当图块创建完成后，便可以将其插入至图形中。

　　在 AutoCAD 中，用户可通过以下方法插入块。

● 执行"绘图"→"块"→"插入"命令。

● 在"默认"选项卡的"块"面板中单击"插入 "下拉按钮，选择"更多选项"选项。

● 在命令行中输入 I 命令并按回车键。

　　执行以上任意操作后，即可打开"插入"对话框，如图 5-11 所示。单击"浏览"按钮，在打开的"选择图形文件"对话框中，选择要插入的图块文件，单击"打开"按钮，如图 5-12 所示。
再返回到上一层对话框中，单击"确定"按钮，完成图块的插入操作。

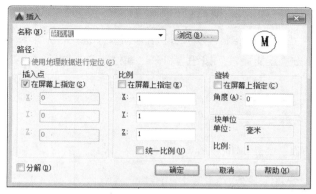

图 5-11　"插入"对话框

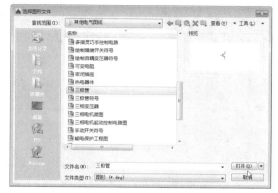

图 5-12　选择图块文件

📝**绘图技巧**

　　在 AutoCAD 中，创建好的内部块，系统会将其保存至当前文件的内置图块中。如果想再次插入该
图块，在"插入"选项卡的"块"面板中，单击"插入"下拉按钮，在打开的内置图块列表中，选中要
插入的图块即可。

5.2 编辑图块属性

　　属性是块的组成部分，是包含在块定义中的文字对象，在定义块之前，要先定义该块的属性，
然后将属性和图形一起定义成块。对于定义好的块属性，用户还可以对其属性进行再调整。

5.2.1　创建属性图块

　　在绘图过程中，为图块指定属性，并将其属性与图块重新定义为一个新图块后，则该图块
已成为属性块。在 AutoCAD 中，用户可以通过以下方法执行"定义属性"命令。

- 执行"绘图"→"块"→"定义属性"命令。
- 在"插入"选项卡的"块定义"面板中单击"定义属性"按钮 📝。
- 在命令行中输入 ATTDEF 命令并按回车键。

　　执行以上任意操作后，都会打开"属性定义"对话框，在该对话框中，用户需在"属性"
选项组中对"标记""提示""默认"选项参数以及"文字设置"选项组中的"文字高度"参
数进行相关设置。

实战——创建电动机属性块

本例将以创建电动机属性块为例，来介绍属性图块的创建操作。

Step 01 执行"圆"命令，在绘图区中指定任意一点为圆心，绘制半径为 5mm 的圆形，如图 5-13 所示。

Step 02 在"插入"选项卡的"块定义"选项组中单击"定义属性"按钮，打开"属性定义"对话框，如图 5-14 所示。

图 5-13 绘制圆形

图 5-14 打开"属性定义"对话框

Step 03 在该对话框中的"属性"选项组中，输入相关属性内容，单击"确定"按钮，如图 5-15 所示。

Step 04 将设置好的属性移动至圆形中心位置，如图 5-16 所示。

图 5-15 设置属性参数

图 5-16 完成创建

Step 05 执行"文件"→"另存为"命令，打开"图形另存为"对话框，将创建好的电动机符号图块进行保存操作，如图 5-17 所示。

Step 06 当下次使用"插入"命令，插入该块时，系统会自动打开"编辑属性"对话框，在此用户可根据需要对标记参数进行更改，单击"确定"按钮即可，如图 5-18 所示。

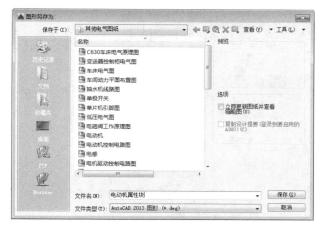

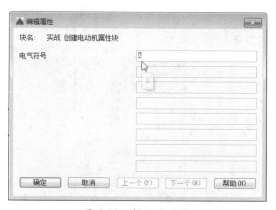

图 5-17　保存属性块　　　　　　　　　　　　图 5-18　插入属性块

5.2.2　编辑块的属性

属性块创建完毕后，用户可使用"块属性管理器"对话框或"增强属性编辑器"对话框来对当前的属性块进行编辑更改操作。

在 AutoCAD 中，在"插入"选项卡的"块定义"面板中单击"管理属性"命令，打开"块属性管理器"对话框，单击"编辑"按钮，如图 5-19 所示。在打开的"编辑属性"对话框中，用户可对其"属性""文字选项"以及"特性"选项卡进行设置，如图 5-20 所示。

知识拓展

很多初学用户都有疑问，到底什么是属性块？简单地说，属性块就是在图块上附加一些文字属性，而这些文字不同于嵌入到图块内的普通文字，无须分解图块，就可进行修改。属性块被广泛应用于机械设计中，例如设计轴号、门窗、水暖电设备等。

图 5-19　"块属性管理器"对话框　　　　　　图 5-20　"编辑属性"对话框

在"块属性管理器"对话框中，单击"设置"按钮，在打开的"块属性设置"对话框中，用户可通过勾选"在列表中显示"选项组中的一些参数，来设置"块属性管理器"对话框中的属性显示内容，如图 5-21 所示。

在"插入"选项卡的"块"面板中单击"编辑属性"命令，选择要编辑的属性块，打开"增强属性编辑器"对话框，如图 5-22 所示。在此，用户可指定属性块的标记，在"值"文本框中，可为属性块标记赋予值。同时用户还可以对属性块的文字格式、文字的图层、线宽以及颜色等属性进行设置。

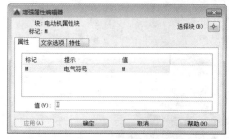

图 5-21　"块属性设置"对话框　　　　图 5-22　"增强属性编辑器"对话框

5.3　外部参照的使用

外部参照是指一个图形文件对另一个图形文件的引用。将已有的其他图形文件链接到当前图形文件中，并且作为外部参照的图形会随着原图形的修改而更新。

5.3.1　附着外部参照

将图形作为外部参照附着时，会将该参照图形链接到当前图形。打开或重载外部参照时，对参照图所做的任何修改都会显示在当前图形中。在 AutoCAD 中，用户可通过以下几种方式附着外部参照。

- 执行"插入"→"DWG 参照"命令。
- 在"插入"选项卡的"参照"面板中单击"附着"按钮 ⬚。

执行以上任意操作后，会打开"选择参照文件"对话框，在此选择要附着的图形，单击"打开"按钮，打开"附着外部参照"对话框，单击"确定"按钮即可将图形以外部参照的方式插入，如图 5-23、图 5-24 所示。

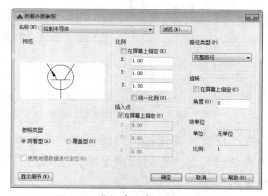

图 5-23　选择参照图形　　　　　　　图 5-24　"附着外部参照"对话框

5.3.2 绑定外部参照

在对包含有外部参照图形的最终图形文件进行保存时，需要将参照图形进行绑定操作，等再次打开该图形文件时，则不会出现无法显示参照的错误提示信息。

在 AutoCAD 软件中，可通过以下两种方式绑定外部参照。

● 执行"修改"→"对象"→"外部参照"→"绑定"命令。

● 在命令行中输入 XBIND 命令并按回车键。

执行以上任意操作后，即可打开"外部参照绑定"对话框。在该对话框中的"外部参照"列表框中，选择要绑定的图块，并单击展开按钮，选择所需外部参照的定义名，其后，单击"添加"按钮，此时在"绑定定义"列表框中，则会显示将被绑定的外部参照的相关定义，单击"确定"按钮，即可完成操作，如图 5-25 所示。

除了以上方法外，用户还可选中参照块，并单击鼠标右键，在弹出的快捷菜单中，选择"外部参照"选项，在打开的"外部参照"面板中，单击鼠标右键选中要绑定的参照块，在打开的菜单中，选择"绑定"选项，如图 5-26 所示。打开"绑定外部参照 /DGN 参考底图"对话框，单击"确定"按钮，完成绑定操作。

图 5-25　"外部参照绑定"对话框

图 5-26　"外部参照"面板

5.3.3 编辑外部参照

在 AutoCAD 中，用户可利用"在位编辑参照"功能来修改当前图形中的外部参照。通过以下方法可执行"编辑外部参照"命令。

● 执行"工具"→"外部参照和块在位编辑"→"在位编辑参照"命令。

● 在绘图区中，选中外部参照图块，在"外部参照"选项卡的"编辑"面板中单击"在位

编辑参照"按钮。

● 在命令行中输入 REREDIT 命令并按回车键。

执行以上任意操作后,都可打开"参照编辑"对话框。在该对话框中,选中要编辑的参照名,单击"确定"按钮,即可进入编辑模式。在该模式中,用户可对参照图形进行编辑操作。编辑完成后,在"编辑参照"面板中单击"保存修改"按钮,即可保存编辑后的外部参照图形。

5.4 设计中心的应用

AutoCAD 设计中心是重复利用和共享内容的一个直观高效的工具,它提供了观察和重复使用设计内容的强大工具,图形中的内容几乎都可以通过设计中心实现共享。用户可以利用 AutoCAD 设计中心浏览、查找、预览和管理图形;也可以将原图形中的任何内容拖动到当前图形中使用;还可以在图形之间复制、粘贴对象属性,以避免重复操作,使用起来非常方便。

5.4.1 使用"设计中心"搜索图块

使用"设计中心"的搜索功能类似于 Windows 的查找功能,可在本地磁盘或局域网中的网络驱动器上按指定搜索条件搜索图形文件。

在 AutoCAD 中,用户可以通过以下方法打开"设计中心"选项板。

● 执行"工具"→"选项板"→"设计中心"命令。

● 在"插入"选项卡的"内容"面板中单击"设计中心"按钮。

● 按 Ctrl+2 组合键。

执行以上任意操作都可打开"设计中心"选项板,如图 5-27 所示。单击"搜索"按钮,在"搜索"对话框中单击"搜索"下拉按钮,并选择搜索类型,其后指定好搜索路径,并根据需要设定搜索名称,单击"立即搜索"按钮,稍等片刻即可显示搜索结果,如图 5-28 所示。

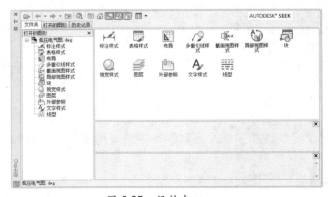

图 5-27 设计中心

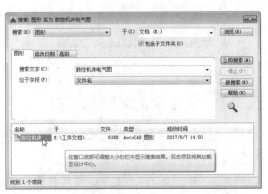

图 5-28 搜索功能

使用 AutoCAD 设计中心，无论定位和组织内容还是将其拖放到图形中都轻松自如。用户可以使"设计中心"选项板右侧窗口中的窗格查看源中的内容，这个窗格可称为控制板，用于显示图形名称，左侧的导航窗格则显示了内容源的层次结构。如果在导航窗口中单击选中文件夹名称，则右侧控制板中将显示图形文件名称；如果单击选中图形文件，则控制板区将显示该图形文件的组成元素；如果单击选中图形元素，则控制板将显示该元素的设置值。

5.4.2　使用"设计中心"选项板插入图块

使用"设计中心"选项板可以方便地在当前图形中插入块、引用光栅图、外部参照，并在图形之间复制图层、线型、文字样式和标注样式等各种内容。

1. 插入块

设计中心提供了两种插入图块的方法，一种为按照默认缩放比例和旋转方式进行操作，另一种则是精确指定坐标、比例和旋转角度方式进行操作。

使用"设计中心"选项板进行图块的插入时，选中所要插入的图块，按住鼠标左键并将其拖至绘图区后，放开鼠标即可。用户也可在"设计中心"选项板中，右击所需插入的图块，在快捷菜单中选择"插入为块"选项，如图 5-29 所示。然后在"插入"对话框中，根据需要确定插入基点、插入比例等数值，单击"确定"按钮即可完成，如图 5-30 所示。

图 5-29　右键选择"插入为块"

图 5-30　"插入"对话框

除了使用"设计中心"选项板插入图像外，用户还可在菜单栏中执行"插入"→"光栅图像参照"命令，在"选中参照文件"对话框中选中要插入的图像，单击"打开"按钮，在"附着图像"对话框中，设置好其比例参数即可插入。

2. 复制图层

使用"设计中心"进行图层的复制时，只需将预先定义好的图层拖放至新文件中即可。这样既节省了大量的作图时间，又能保证图形标准的要求，也保证了图形间的一致性。按照同样的操作还可将图形的线型、尺寸样式、布局等属性进行复制操作。

用户只需在"设计中心"选项板左侧树状图中，选择所需图形文件，单击"打开的图形"选项卡，选择"图层"选项，其后在右侧内容显示区中选中所有的图层文件，按住鼠标左键并将其拖至新的空白文件中，如图 5-31 所示。此时在新文件中打开"图层特性管理器"面板，可显示所复制的图层，如图 5-32 所示。

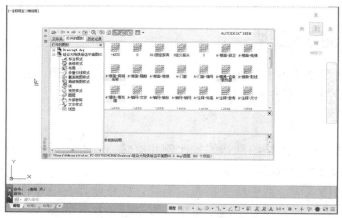

图 5-31　拖拽复制图层

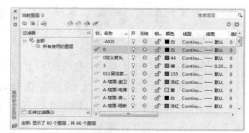

图 5-32　查看复制结果

实战——为电机驱动控制电路图添加电气图块

本例将利用"设计中心"选项板，为电路图添加相应的电气图块。

Step 01 打开"电机驱动控制电路图"素材文件。在"插入"选项卡的"内容"面板中单击"设计中心"按钮，打开"设计中心"选项板，如图 5-33 所示。

Step 02 单击"搜索"按钮，打开"搜索"对话框。在"搜索文字"输入框中输入图块关键字，这里输入"多极开关符号"字样，并设置好搜索范围，如图 5-34 所示。

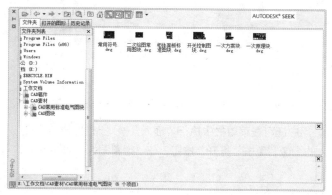

图 5-33　设计中心选项面板

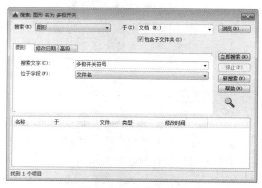

图 5-34　搜索图块

Step 03 单击"立即搜索"按钮，
稍等片刻，可查看搜索结果。双
击搜索结果，系统将自动在"设
计中心"选项板的"文件夹列表"
中，加载多极开关图形，单击该
图形的展开按钮，在其下拉列表
中选择"块"选项，此时在右侧
内容列表中会显示相应的图块预
览，如图 5-35 所示。

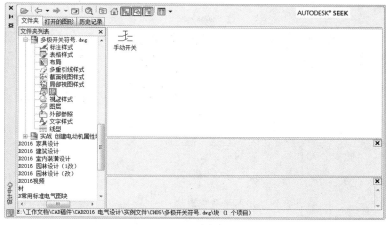

图 5-35　选择图块

Step 04 单击鼠标右键"手动开
关"图块，在打开的菜单中选择
"插入块"选项，如图 5-36 所示。

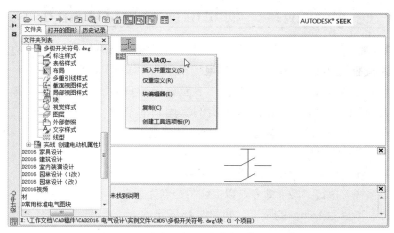

图 5-36　单击鼠标右键选择"插入块"

Step 05 在打开的"插入"对话框中，单击"确定"按钮，插入相应的图块，如图 5-37 所示。

Step 06 执行"移动"命令，将插入的图块移动至图形合适位置，结果如图 5-38 所示。

图 5-37　插入图块

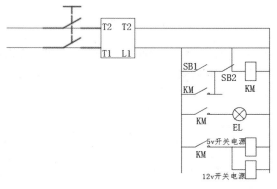

图 5-38　调整图块位置

Step 07 按照以上同样的操作方法，将"电动机符号"图块插入至图形合适位置，结果如图 5-39 所示。

Step 08 执行"修剪"命令，对图形进行修剪操作，结果如图 5-40 所示。

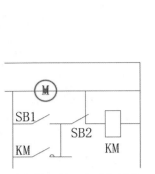

图 5-39 插入电动机图块

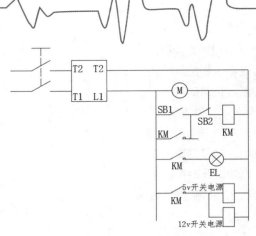

图 5-40 修剪图形

综合演练 创建电流表测量线路图

实例路径： 实例 \CH05\ 综合演练 \ 创建电流表测量线路图 .dwg
视频路径： 视频 \CH05\ 创建电流表测量线路图 .avi

在学习本章知识内容后，下面将通过具体案例来巩固所学的知识。本实例运用到的命令有"直线""圆""复制""偏移""修剪""创建块""写块""创建属性块"等。

Step 01 执行"直线"命令，绘制长 102mm 的水平直线。执行"圆"命令，以直线中心点为圆心，绘制半径为 15mm 的圆形，如图 5-41 所示。

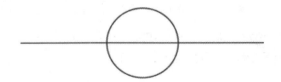

图 5-41 绘制直线和圆

Step 02 执行"修剪"命令，将圆形内的直线剪去，如图 5-42 所示。

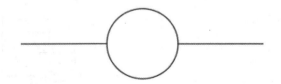

图 5-42 修剪图形

Step 03 执行"直线"和"极轴追踪"命令，以圆心为起点，绘制一条与水平线呈 45 度角、长度为 58mm 的斜线，如图 5-43 所示。

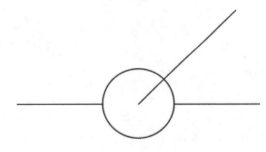

图 5-43 绘制斜线

Step 04 执行"移动"命令，选中斜线，并指定其中点为移动基点，将其移至圆心上，如图 5-44 所示。完成电流端口符号的绘制。

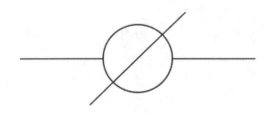

图 5-44 移动斜线

Step 05 执行"创建块"命令，在"块定义"对话框中，单击"选择对象"按钮，选取端口符号，然后单击"拾取点"按钮，指定圆心为拾取点，将名称命名为"端口"，单击"确定"按钮，完成图块的创建操作，如图 5-45 所示。

图 5-45　创建成块

Step 06　执行"圆"命令，绘制直径为 31mm 的圆形。然后执行"直线"命令，捕捉圆形左右两侧的象限点，绘制如图 5-46 所示的三条直线。

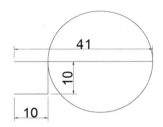

图 5-46　绘制图形

Step 07　执行"镜像"命令，将绘制的图形以圆形右侧象限点为镜像点进行镜像操作，如图 5-47 所示。

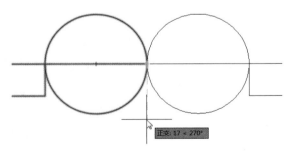

图 5-47　镜像图形

Step 08　执行"修剪"命令，对图形进行修剪操作，完成电流互感器符号的绘制，如图 5-48 所示。

Step 09　执行"创建块"命令，将电流互感器创建成图块，如图 5-49 所示。

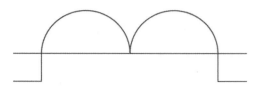

图 5-48　修剪图形

图 5-49　创建成块

Step 10　执行"直线"和"极轴追踪"命令，将增量角设为 60，绘制一条边长为 52mm 的倒三角形，如图 5-50 所示。

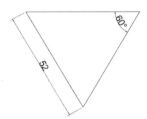

图 5-50　绘制等边三角形

Step 11　执行"偏移"命令，将三角形上边线依次向下偏移 10mm 和 20mm，如图 5-51 所示。

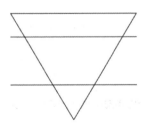

图 5-51　偏移三角边

Step 12　执行"修剪"命令，将三角形以外的线段剪去。然后删除三角形左右两条边线，如图 5-52 所示。

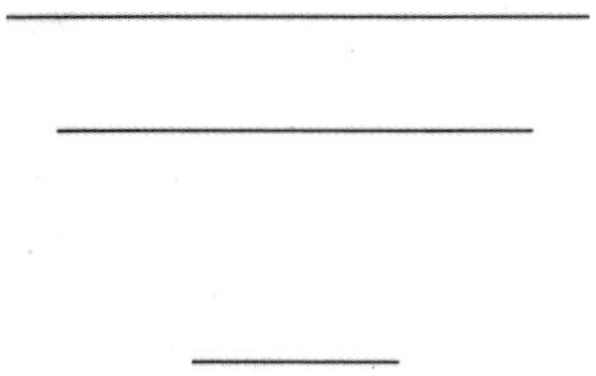

图 5-52　修剪图形

Step 13 执行"修改"→"对象"→"多段线"命令，选中第一条水平线，按回车键，将其转换为多段线。然后在打开的快捷菜单中选择"宽度"选项，如图 5-53 所示。

图 5-53　设置线宽

Step 14 按回车键，将新宽度设为 3，如图 5-54 所示。再按两次回车键完成操作，如图 5-55 所示。

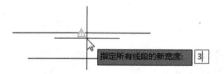

图 5-54　设置新线宽

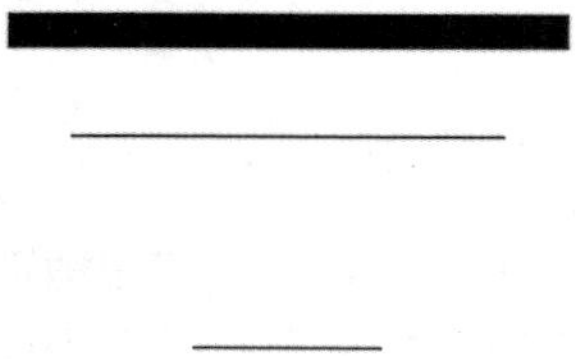

图 5-55　设置结果

Step 15 按照同样的设置方法，其他两条直线都转换为多段线，并将第二条线宽设为 2，第三条线宽设为 1，如图 5-56 所示。

图 5-56　设置多段线宽度

Step 16 执行"直线"命令，以最上面的多段线中点为起点，绘制 28mm 的垂直线，如图 5-57 所示。

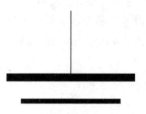

图 5-57　绘制垂直线

Step 17 执行"创建块"命令，将刚绘制的图形创建成块，完成接地符号图块的绘制，如图 5-58 所示。

图 5-58　创建成块

Step 18 执行"圆"命令，绘制半径为 40mm 的圆形。然后执行"定义属性"命令，打开"属性定义"

对话框，其参数设置如图 5-59 所示。

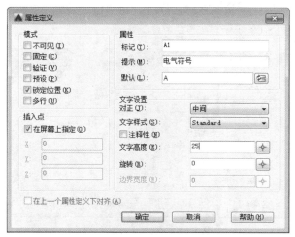

图 5-59　设置图块属性参数

Step 19 单击"确定"按钮，将图块属性放置在圆正中位置，完成电流表符号的绘制。

Step 20 执行"写块"命令，打开"写块"对话框，单击"选择对象"按钮，框选电流表符号图形，返回对话框，单击"拾取点"按钮，指定其圆心点，再次返回对话框，设置好文件路径及单位，单击"确定"按钮，保存该图块，如图 5-60 所示。

图 5-60　保存图块

Step 21 在打开的"编辑属性"对话框中，单击"确

定"按钮，关闭对话框，如图 5-61 所示。

Step 22 执行"矩形"命令，绘制长 309mm、宽 790mm 的矩形，并执行"分解"命令，将矩形进行分解，如图 5-62 所示。

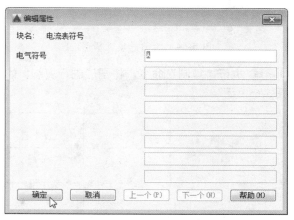

图 5-61　确定属性参数

图 5-62　绘制矩形

Step 23 执行"偏移"命令，将长方形左边线和上边线分别进行偏移，其尺寸如图 5-63 所示。

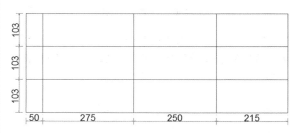

图 5-63　偏移矩形边线

Step 24 执行"圆"命令，捕捉矩形左下角点为圆心，绘制半径 5mm 的圆形，执行"图案填充"命令，将圆形进行填充，填充图案为"SOLID"，如图 5-64 所示。

图 5-64　绘制并填充圆形

Step 25 执行"复制"命令，将圆形进行复制，如图 5-65 所示。

图 5-65　复制圆形

Step 26 执行"移动"命令，将电流互感器图块、电流端口图块、电流表符号移动至矩形最上面的边线中，如图 5-66 所示。

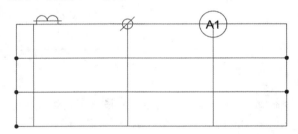

图 5-66　移动电气图块

Step 27 执行"复制"命令，将电流互感器、电流端口、电流表符号图块复制到矩形其他线段中，如图 5-67 所示。

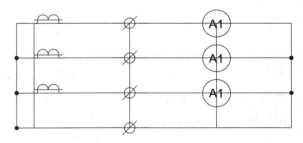

图 5-67　复制电气图块

Step 28 双击复制后的电流表符号，在打开的"增强属性编辑器"对话框中，将"值"设为 A2，如图 5-68 所示。

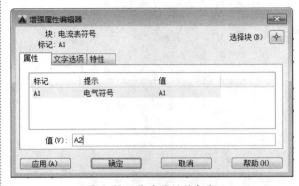

图 5-68　更改属性块标记

Step 29 单击"确定"按钮，完成电流表符号标记的更改操作。按照同样的方法，将另一个电流表符号标记更改为"A3"，结果如图 5-69 所示。

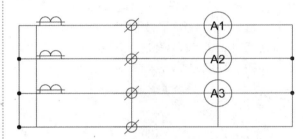

图 5-69　更改其他属性块标记

Step 30 将接地符号图块移动至矩形左下角点位置，如图 5-70 所示。

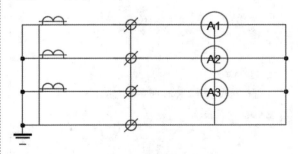

图 5-70　移动接地符号

Step 31 执行"修剪"命令，将图形进行适当的修剪与删除，如图 5-71 所示。

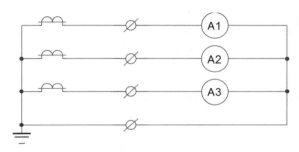

图 5-71　修剪图形

Step 32 执行"单行文字"命令，指定文字的起点，将文字高度设为 20，旋转角度为 0，输入文字内容。将输入好的文字复制到图形合适位置，双击文字，

修改其内容，如图 5-72 所示。至此电流表测量线路图绘制完毕。

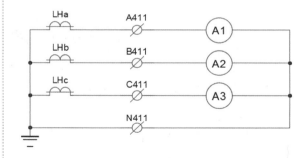

图 5-72　最终结果图

为了让读者能够更好地掌握本章所学习到的知识，下面将列举两个操作题来对本章内容进行巩固。

1. 为车床电气图添加电气图块

利用"插入"→"块"命令，为车床电气图插入常闭按钮热电器件图块，最终如图5-73所示。

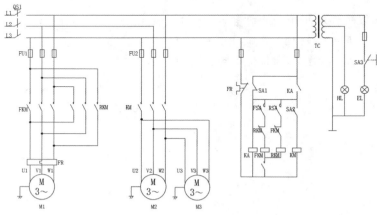

图 5-73　最终效果

⚠ **操作提示：**

Step 01 执行"插入"→"块"命令，插入常闭按钮热电器件两个图块。

Step 02 将图块移动至图形合适位置。

Step 03 执行"修剪"命令，修剪图形。

2. 创建双绕组单项变压器图块

利用"直线""圆弧""偏移""镜像""创建块"和"写块"命令，创建双绕组单项变压器图块，如图5-74所示。

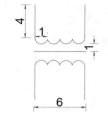

图 5-74　双绕组单项变压器

⚠ **操作提示：**

Step 01 执行"直线""圆弧""镜像"以及"修剪"命令，绘制图形。

Step 02 执行"创建块"命令，将图形创建成图块。

Step 03 执行"写块"命令，保存该图块。

第 **6** 章

为电气图形添加文本与表格

利用文字和表格功能，可以对图形进行文字及表格说明，从而表达出用图形无法表示的内容。而一张完整的设计图纸，除了有详细的图形外，还必须添加一些文字对其图形进行注释。本章主要介绍设置文字样式、添加单行文本和多行文本、使用字段、添加表格等操作。

知识要点

▲ 创建与编辑文本　　　　　　　　　　▲ 创建与编辑表格

6.1 创建与编辑文本

图形中的所有文字都具有与之相关联的文字样式，系统默认使用的是"Standard"样式，用户可根据图纸需要，自定义文字样式，如文字高度、大小、颜色等。下面将介绍文本的创建与编辑操作。

6.1.1 设置文字样式

在标注文字之前，都需对文字的样式进行调整设置，例如文字的字体、高度、文字宽度比例以及显示类型等。在 AutoCAD 中，用户可以使用"文字样式"对话框来创建和编辑文本样式。通过以下方法可以打开"文字样式"对话框，如图 6-1 所示。

图 6-1 "文字样式"对话框

- 执行"格式"→"文字样式"命令。
- 在"默认"选项卡的"注释"面板中单击"文字样式"按钮 **A**。
- 在"注释"选项卡的"文字"面板中单击右下角箭头 ⌐。
- 在命令行中输入 ST 命令并按回车键。

执行以上任意操作后，都将打开"文字样式"对话框。在该对话框中，用户可创建新的文字样式，也可对已定义的文字样式进行编辑。

> **绘图技巧**
>
> 　　对于已创建的文字样式，如果不符合要求或不满意，还可以进行修改。打开"文字样式"对话框，在"样式"列表框中选择要修改的文字样式，其后按照要求更改其他选项的设置，修改完成后单击"应用"按钮，使其生效，最后单击"关闭"按钮即可。

6.1.2　创建与编辑单行文本

单行文字就是将每一行作为一个文字对象，一次性地在图纸中的任意位置添加所需的文本内容，并且可对每个文字对象进行单独的修改。该输入方式适于标注一些不需要多种字体样式的简短内容。下面将介绍单行文本的创建与编辑操作。

1. 创建单行文本

在 AutoCAD 中，用户可通过以下方法执行"单行文字"命令。

- 执行"绘图"→"文字"→"单行文字"命令。
- 在"默认"选项卡的"注释"面板中单击"文字"下拉按钮，选择"单行文字 **A**"选项。
- 在"注释"选项卡的"文字"面板中单击"单行文字"按钮 **A**。
- 在命令行中输入 TEXT 命令并按回车键。

执行以上任意操作后，在绘图区中指定文本起点，根据命令行提示，设置文本的高度和旋转角度，其后在绘图区中输入文本，按回车键完成操作。

命令行提示如下。

```
命令: _text
当前文字样式: "Standard"  文字高度: 2.5000  注释性: 否
指定文字的起点或 [对正(J)/样式(S)]:              (指定文字起点)
指定高度 <2.5000>: 100                          (输入文字高度值)
指定文字的旋转角度 <0>:                          (输入旋转角度值)
```

2. 编辑单行文本

单行文本创建完成后，如果想要对其内容或格式进行修改，可通过以下方法进行操作。

- 在命令行中输入 DDEDIT 命令并按回车键。
- 执行"修改"→"对象"→"文字"→"编辑 **A**"命令。
- 双击要编辑的文本内容。

　　执行以上任意操作，都可进入文字编辑状态，再更改文本内容即可，如图 6-2 所示。如果需要对文本的格式进行更改，可右击单行文本，在打开的快捷列表中选择"特性"选项，在"特性"面板中，可对文字高度、对正、旋转、定义的宽度等参数进行调整，如图 6-3 所示。

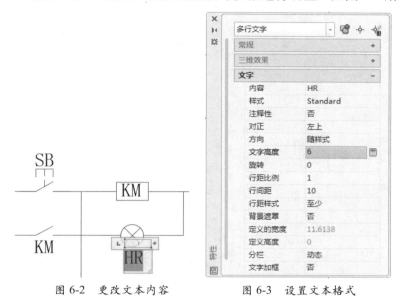

图 6-2　更改文本内容　　　　　　　　图 6-3　设置文本格式

实战——为变电工程图添加符号说明

　　本例将运用单行文本功能，为变电工程图添加符号说明文本。

Step 01 打开"变电工程图"素材文件。在"注释"选项卡的"文字"面板中单击"单行文字"按钮，在绘图区中指定一点为文字起始点，如图 6-4 所示。

Step 02 根据命令行提示，将字体高度设为 5，旋转角度设为 0，如图 6-5 所示。

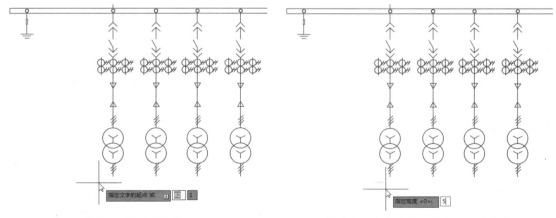

图 6-4　指定文字的起点　　　　　　图 6-5　设置文字的高度与旋转角度

Step 03 在光标处，输入文字内容。按回车键可另起一行输入，如图 6-6 所示。

Step 04 输入后，单击绘图区空白处，按 ESC 键或按 Ctrl+Enter 键完成输入操作，如图 6-7 所示。

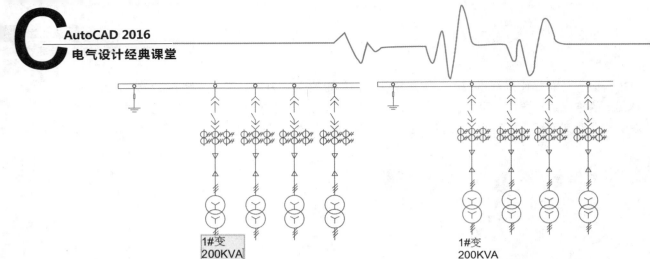

图 6-6 输入文字内容   图 6-7 完成输入操作

Step 05 右键选中"1# 变"文本，在快捷菜单中选择"特性"选项，如图 6-8 所示。

Step 06 在"特性"面板中，将"高度"设为 4，如图 6-9 所示。

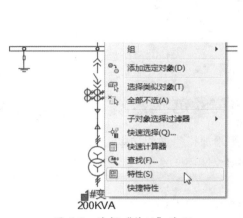

图 6-8 选择"特性"选项

图 6-9 设置字体高度

知识拓展

    单行文本和多行文本的区别在于：单行文字就是一行，所有文字都是一样的字体和高度。对于不需要多种字体或多行的内容，可以创建单行文字；而多行文本的文字可以是多行，可以是不同的文本格式，无论行数是多少，都可看作单个对象。多行文字的编辑选项比单行文字多，其编辑性更强，更灵活。

Step 07 在"默认"选项卡的"特性"面板中，单击"特性匹配"按钮，根据命令行提示，选中"1# 变"文本，当光标呈刷子形状时，选中"200KVA"文本，如图 6-10 所示。此时被匹配的文本高度与原文本相同。

Step 08 适当调整两段文字间的距离。执行"复制"命令，将这两段文字复制到其他符号下方合适位置，如图 6-11 所示。

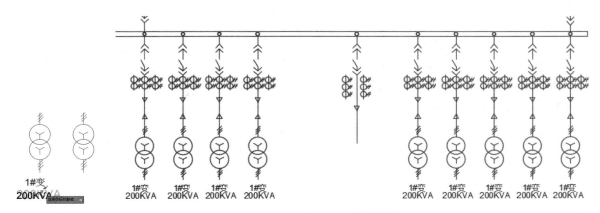

图 6-10　特性匹配　　　　　　　　　　　　图 6-11　复制字体

Step 09▷双击复制后的文字，当变成文字编辑状态时，更改要修改的文字，如图 6-12 所示。

Step 10▷更改好后，单击空白处完成更改操作。按照同样的方法，更改其他要改的文本，并适当调整文本间的距离，如图 6-13 所示。

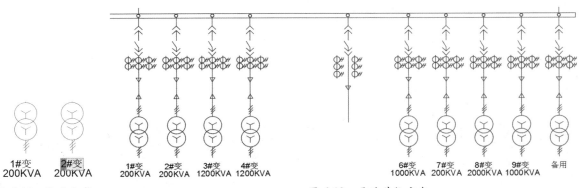

图 6-12　修改文字　　　　　　　　　　　　图 6-13　更改其他文本

👍绘图技巧

　　许多初学用户会提问，单行文字怎么换行？顾名思义，单行文字就是单行，它是不能换行操作的，在输入单行文字时，如果按回车键后，可以换行输入，但是在退出编辑器时，就会看到是两个单独的文本对象。只有将单行文本转换成多行文本才可以。

6.1.3　创建与编辑多行文本

　　多行文本包含一个或多个文字段落，可作为单一的对象处理。在输入文字标注之前需要先指定文字边框的对角点，文字边框用于定义多行文本对象中段落的宽度。下面将介绍多行文本的创建与编辑操作。

1. 创建多行文本

　　多行文本是由任意数目的文字或段落组合而成的。在 AutoCAD 中，用户可通过以下方法执行"多行文字"命令。

- 执行"绘图"→"文字"→"多行文字"命令。
- 在"默认"选项卡的"注释"面板中单击"多行文字"按钮**A**。
- 在"注释"选项卡的"文字"面板中单击"多行文字"按钮**A**。
- 在命令行中输入 T 命令并按回车键。

执行以上任意操作启动"多行文字"命令后，在绘图区中框选文字的区域，当进入文字编辑状态后，输入所需文本，单击空白处任意一点即可完成操作，如图 6-14、图 6-15 所示。

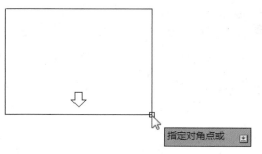

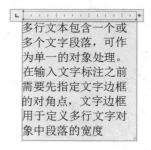

图 6-14　框选多行文字范围　　　　图 6-15　输入文本内容

2. 编辑多行文本

创建多行文本后，双击该文本段落，在"文字编辑器"选项卡中，用户可根据需要对文本的高度、字体、颜色等属性进行设置，如图 6-16 所示。

图 6-16　"文字编辑器"选项卡

在绘制过程中，如果发现文本段落的格式需要调整，可在"文字编辑器"选项卡的"段落"面板中修改相应的参数即可。

知识拓展

在 AutoCAD 中，系统默认文字高度为 2.5，如果在没有设置好文字样式的前提下，使用"多行文字"命令输入文本后，需要对该文字高度进行设置。双击所需的文本，进入编辑状态，按 Ctrl+A 快捷键，全选文档，在"文字编辑器"选项卡的"样式"面板中，选择"文字高度"文本框，输入所需的高度值，按回车键即可更改当前文字高度。

6.1.4　插入特殊字符

在文本标注中，经常需要标注一些不能直接利用键盘输入的特殊字符，如直径"Φ"、角度"°"

等。AutoCAD 为输入这些字符提供了控制符，如表 6-1 所示。用户可以通过输入控制符来输入特殊的字符。

表 6-1　特殊字符控制符

控 制 符	对应特殊字符	控 制 符	对应特殊字符
%%C	直径（Φ）符号	%%D	度（°）符号
%%O	上画线符号	%%P	正负公差（±）符号
%%U	下画线符号	\U+2238	约等于（≈）符号
%%%	百分号（%）符号	\U+2220	角度（∠）符号

在 AutoCAD 中，除了直接输入特殊字符外，用户还可以在"文字编辑器"选项卡的"插入"面板中单击"符号"下拉按钮，在打开的符号列表中选择所需的符号选项，如图 6-17 所示。

如果列表中的符号不能满足用户的需求，可在该列表中选择"其他"选项，在"字符映射表"对话框中选择满意的符号，单击"选择""复制"按钮，其后在光标处按"Ctrl+V"键粘贴即可，如图 6-18 所示。

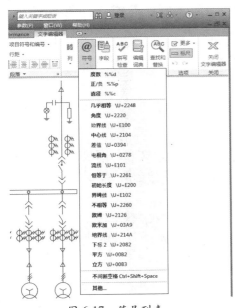

图 6-17　符号列表

图 6-18　"字符映射表"对话框

6.1.5　查找与替换文本

文本输入完毕后，如果想要快速地查找到某一词语或修改某一文字，可使用"查找和替换"命令进行操作。其操作方法如下。

双击所需文本内容，进入编辑状态，将光标放置在文本起始位置，在"文字编辑器"选项卡的"工具"面板中单击"查找和替换"按钮，打开"查找和替换"对话框，在该对话框中的"查找"文本框中输入要查找的文本，而在"替换为"文本框中，输入要替换的文本，单击"替换"

或"全部替换"按钮，如图 6-19 所示。此时，系统会在整篇文档中快速定位目标文本，并将其自动替换。替换完成后，系统会弹出提示框，在此单击"确定"按钮即可完成操作，如图 6-20 所示。

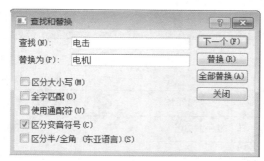

图 6-19　"查找和替换"对话框

图 6-20　替换完毕

6.2　创建与编辑表格

表格是在行和列中包含数据的对象，用户可新建表格对象，也可以将表格链接到 Excel 电子表格中的数据等。在 AutoCAD 中，用户可以使用默认表格样式 standard，当然也可根据需要创建自己的表格样式。

6.2.1　设置表格样式

表格样式控制着一个表格的外观，用于保证标准的字体、颜色、文本、高度和行距。在创建表格前，应先创建表格样式，并通过管理表格样式，使表格样式更符合需要。

在 AutoCAD 中，可通过以下方式来设置表格样式。

● 执行"格式"→"表格样式"命令。

● 在"默认"选项卡的"表格"面板中单击该面板右下角箭头。

● 在"注释"选项卡的"表格"面板中单击面板右下角箭头。

● 在命令行中输入 TABLESTYLE 命令并按回车键。

执行以上任意操作都可打开"新建表格样式"对话框，在该对话框中，用户可对表格的表头、数据以及标题样式进行设置，如图 6-21 所示。

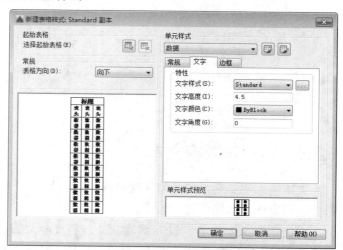

图 6-21　"新建表格样式"对话框

在"新建表格样式"对话框中，用户可通过设置"常规""文字"和"边框"这 3 个选项卡的相关参数，对表格的"标题、表头和数据"样式进行设置。

● 常规

在该选项卡中，用户可以对填充、对齐方式、格式、类型和页边距进行设置。

● 文字

该选项卡可设置表格单元中的文字样式、高度、颜色和角度等特性。

● 边框

该选项卡可以对表格边框特性进行设置。在该选项中，有 8 个边框按钮，单击其中任意按钮，则可将设置的特性应用到相应的表格边框上。

6.2.2　创建表格

表格颜色创建完成后，可使用"插入表格"命令创建表格。在 AutoCAD 中，可通过以下方式执行"表格"命令。

● 执行"绘图"→"表格"命令。

● 在"注释"选项卡的"表格"面板中单击"表格 🏬"命令。

● 在"默认"选项卡的"注释"面板中单击"表格"命令。

● 在命令行中输入 TABLE 命令并按回车键。

执行以上任意操作，都会打开"插入表格"对话框，其后在对话框中设置表格的列数和行数即可插入表格，如图 6-22 所示。

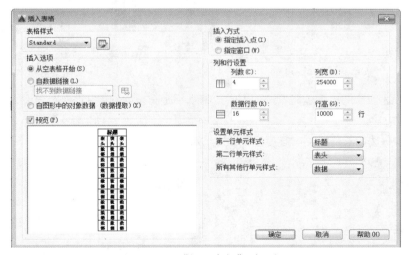

图 6-22　"插入表格"对话框

6.2.3　编辑表格

创建表格后，用户可对表格进行剪切、复制、删除、缩放或旋转等操作。首先选中所需编辑的单元格，在"表格单元"选项卡中，用户可根据需要对表格的行、列、单元样式、单元格式等元素进行编辑操作，如图 6-23 所示。

图 6-23　"表格单元"选项卡

实战——制作元件符号说明表

本例将利用表格功能制作元件符号说明表格。

Step 01 执行"格式"→"表格样式"命令，打开"表格样式"对话框，如图 6-24 所示。

Step 02 新建表格样式，打开"新建表格样式"对话框，单击"单元样式"下拉按钮，选择"标题"选项，如图 6-25 所示。

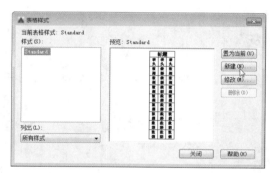

图 6-24　"表格样式"对话框

图 6-25　选择"标题"选项

Step 03 在"常规"选项卡的"页边距"选项组中，将水平距离设为 0，将垂直距离设为 30，其他参数为默认，如图 6-26 所示。

Step 04 单击"文字"选项卡，将文字高度设为 150，如图 6-27 所示。

图 6-26　设置页边距

图 6-27　设置文字高度

Step 05 选中"表头"单元样式,设置页边距垂直距离为 30,单击"文字"选项卡,将文字高度设为 100,如图 6-28 所示。

Step 06 选中"数据"单元样式,同样设置页边距垂直距离为 30,其后单击"文字"选项卡,将文字高度设为 80,如图 6-29 所示。

图 6-28　设置表头样式

图 6-29　设置数据样式

Step 07 设置完成后,单击"确定"按钮,返回上一层对话框,单击"置为当前"按钮即可,如图 6-30 所示。

Step 08 执行"绘图"→"表格"命令,打开"插入表格"对话框,在"列和行设置"选项组中,将列数设为 6,数据行数设为 6,列宽设为 1000,行高设为 2,如图 6-31 所示。

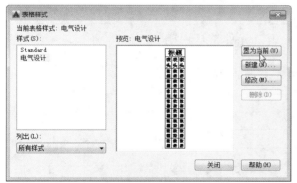

图 6-30　将样式置为当前

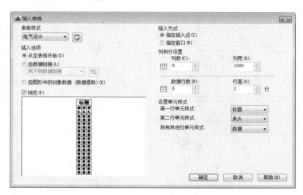

图 6-31　设置表格参数

Step 09 在绘图区中,指定表格的起点即可插入表格,如图 6-32 所示。

Step 10 插入表格后,系统自动将光标定位在表格的标题行中。在此,输入表格标题内容,如图 6-33 所示。

图 6-32　指定表格起始位置

图 6-33　输入表格标题内容

Step 11 输入完成后，按回车键，此时光标自动定位至表头第一单元格。在此输入内容，输入完成后，按键盘上的"→"方向键，继续输入表头内容，如图 6-34 所示。

电气元件符号说明					
元件名称	电路符号	文字符号	元件名称	电路符号	文字符号

图 6-34 输入表头内容

Step 12 按回车键和方向键，继续输入表格内容，直到结束，如图 6-35 所示。

电气元件符号说明					
元件名称	电路符号	文字符号	元件名称	电路符号	文字符号
电阻器		R	半导体二极管		VD
可调电阻		Rp	发光二极管		VD
光敏电阻		R	扬声器		BL
热敏电阻		RT	集成电路		IC
电容器		C	电池		GB
电解电容器		C	按键开关		SB

图 6-35 输入表格内容

Step 13 执行"插入"→"块"命令，将电阻器图块插入至相应的"电路符号"单元格中。执行"缩放"命令，将其放大 30 倍，如图 6-36 所示。

电气元件符号说明					
元件名称	电路符号	文字符号	元件名称	电路符号	文字符号
电阻器	—▭—	R	半导体二极管		VD
可调电阻		Rp	发光二极管		VD
光敏电阻		R	扬声器		BL
热敏电阻		RT	集成电路		IC
电容器		C	电池		GB
电解电容器		C	按键开关		SB

图 6-36 调入电阻器图块

Step 14 按照同样的操作方法，将其他图块至相应的单元格中，如图 6-37 所示。至此元件符号说明表格绘制完毕。

电气元件符号说明					
元件名称	电路符号	文字符号	元件名称	电路符号	文字符号
电阻器	—▭—	R	半导体二极管	—▷⊢	VD
可调电阻	—⟋▭—	Rp	发光二极管	—▷⊢	VD
光敏电阻	—⟋▭—	R	扬声器	—▷	BL
热敏电阻	—▭—	RT	集成电路	⊏⊐	IC
电容器	⊣⊢	C	电池	⊣｜⊢	GB
电解电容器	⊣⊢	C	按键开关	⸝⸍	SB

图 6-37 调入其他元件图块

6.2.4 调用外部表格

如果在其他办公软件中，有制作好的表格，用户可直接将其调入至 AutoCAD 图纸中。这样一来节省了重新创建表格的时间，从而提高了工作效率。

用户可执行"绘图"→"表格"命令，在"插入表格"对话框中，单击"自数据链接"单选按钮，并单击右侧"数据管理器🖃"，其后在"选择数据链接"对话框中，选择"创建新的 Excel 数据链接"选项，打开"输入数据链接名称"对话框，输入文件名，如图 6-38 所示。

在"新建 Excel 数据链接"对话框中，单击"浏览📖"按钮，如图 6-39 所示。打开"另存为"对话框，选择所需插入的 Excel 文件并单击"打开"按钮，返回到上一层对话框，最后单击"确定"按钮，返回到绘图区，在绘图区指定表格插入点即可插入表格。

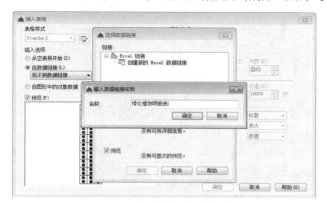

图 6-38　浏览文件

图 6-39　选择插入的 Excel 文件

实战——调用外部电气材料清单 Excel 表格文件

本例利用外部表格调用功能，将"电气设备材料清单"Excel 文件调入至 AutoCAD 软件中。

Step 01 执行"绘图"→"表格"命令，打开"插入表格"对话框。单击"自数据链接"单选按钮，并单击其右侧"数据管理器"按钮，如图 6-40 所示。

Step 02 在"选择数据链接"对话框中，单击"创建新的 Excel 数据链接"选项。在"输入数据链接名称"对话框中，输入链接名称，如图 6-41 所示。

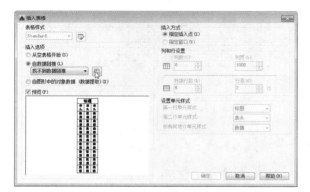

图 6-40　打开"插入表格"对话框

图 6-41　输入链接名称

Step 03 单击"确定"按钮，在"新建 Excel 数据链接"对话框中单击"浏览文件"后的图标按钮，如图 6-42 所示。

Step 04 在"另存为"对话框中，选择要调用的 Excel 表格文件，如图 6-43 所示。

图 6-42　浏览文件

图 6-43　选择要调用的文件

Step 05 单击"打开"按钮，返回到"新建 Excel 数据链接"对话框，在此用户可对其表格进行预览，单击"确定"按钮，如图 6-44 所示。

Step 06 返回到上一层对话框，继续单击"确定"按钮，如图 6-45 所示。

图 6-44　确认参数

图 6-45　再次确认参数

Step 07 返回到"插入表格"对话框，再次单击"确定"按钮，如图 6-46 所示。

Step 08 在绘图区中，指定表格的插入点即可完成外部表格的调入操作，如图 6-47 所示。

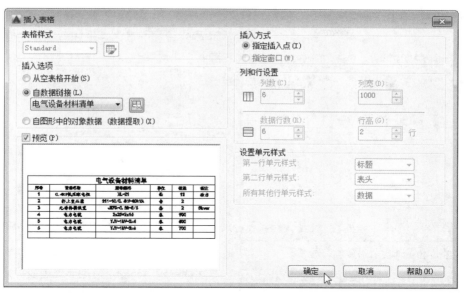

图 6-46　返回"插入表格"对话框

电气设备材料清单					
序号	设备名称	型号规格	单位	数量	备注
1	0.4kV低压配电柜	XL-21	面	12	动力
2	杆上变压器	S11-10/0.4kV-30kVA	台	2	
3	无功补偿装置	JKFA-0.38-5/3	套	2	5kvar
4	电力电缆	3x25+2x16	米	900	
5	电力电缆	YJV-1kV-5x4	米	500	
6	电力电缆	YJV-1kV-5x6	米	700	

图 6-47　最终结果

综合演练　绘制楼房照明系统图

实例路径： 实例 /CH06/ 综合演练 / 绘制楼房照明系统图 .dwg

视频路径： 视频 /CH06/ 绘制楼房照明系统图 .avi

　　在学习本章知识内容后，下面将通过具体案例来巩固所学的知识。本实例运用到的命令有"矩形""定数等分""分解""复制""多行文字"等。

Step 01 执行"矩形"命令，绘制长 800mm、宽 550mm 的矩形，如图 6-48 所示。

Step 02 在"特性"面板中单击"线型"下拉按钮，选择"其他"选项，打开"线型管理器"对话框，单击"加载"按钮，如图 6-49 所示。

图 6-48　绘制矩形

Step 03 在"加载或重载线型"对话框中，选择需要加载的线型，如图 6-50 所示。

Step 04 单击"确定"按钮，返回到上一层对话框。

选中加载后的线型，单击"确定"按钮，如图 6-51 所示。

图 6-49　单击"加载"按钮

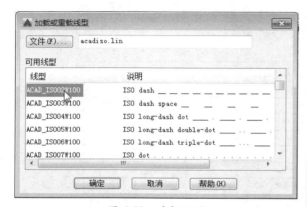

图 6-50　选择线型

图 6-51　选择加载线型

Step 05 选中矩形，在"特性"面板中单击"线型"下拉按钮，选择加载的线型，完成线型的更改操作。再次选中矩形，单击鼠标右键，选择"特性"选项，打开"特性"面板，将"线型比例"设为 4，

如图 6-52 所示。

Step 06 设置好后，矩形线型已发生变化，结果如图 6-53 所示。

图 6-52　设置线型比例　　　图 6-53　设置结果

Step 07 执行"分解"命令，将矩形进行分解。执行"定数等分"命令，将矩形上边线等分成 3 份。再执行"直线"命令，绘制等分线，如图 6-54 所示。

Step 08 执行"偏移"命令，将矩形边线向内分别偏移 28mm，同时将两条等分线向右偏移 28mm，如图 6-55 所示。

图 6-54　绘制等分线　　　图 6-55　偏移边线

Step 09 执行"多段线"命令，将多段线线宽设为 0.7，以偏移后线段的两个交点为多段线起点与端点，绘制多段线。然后删除多余的偏移直线，如图 6-56 所示。

Step 10 执行"直线"命令，以最左侧多段线上方端点为起点，绘制长 50mm 的水平直线。然后捕捉该直线端点为追踪基点，将光标向右移动，并输入 25，指定下一直线的起点，绘制一条 100mm 的直线段，如图 6-57 所示。

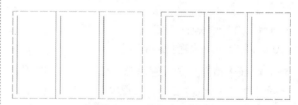

图 6-56　绘制多段线　　　图 6-57　绘制两条水平直线

Step 11 执行"直线"和"极轴追踪"命令,将增量角设为 15,以 100mm 直线的左端点为起点,将光标向左下角移动,并沿着 165 度辅助虚线绘制 26mm 的斜线,如图 6-58 所示。

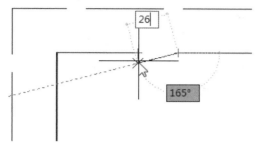

图 6-58 绘制斜线

Step 12 执行"矩形"命令,绘制边长为 5mm 的正方形。执行"多段线"命令,绘制矩形两条对角线,其多段线的线宽为 0.5mm,如图 6-59 所示。

图 6-59 绘制两条相交的多段线

Step 13 删除矩形边框,执行"移动"命令,将两条相交的多段线移至开关符号处,如图 6-60 所示。

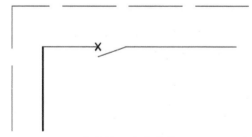

图 6-60 移动图形

Step 14 执行"格式"→"文字样式"命令,打开"文字样式"对话框,将字体名设为"仿宋";将高度设为 7,单击"置为当前"按钮,如图 6-61 所示。

图 6-61 设置文字样式

Step 15 执行"多行文字"命令,在图形上方合适位置,使用鼠标拖拽的方法,框选文字范围,如图 6-62 所示。

图 6-62 框选文字范围

Step 16 在文字编辑器中输入文字内容,如图 6-63 所示。

图 6-63 输入文字内容

Step 17 输入完成后,单击绘图区空白处,完成输入操作。按照同样的方法,输入其他文字,并使用直线将其分割,如图 6-64 所示。

图 6-64 输入文字

Step 18 执行"定数等分"命令,将最左侧的多段线等分成 14 份,并执行"复制"命令,将绘制好的回路与文字复制到等分点上,如图 6-65 所示。

Step 19 双击复制的文字,在文字编辑器中输入新文字,单击空白处完成文本的修改操作,如图 6-66 所示。至此完成第一个配电箱回路的绘制。

绘图技巧

在制图过程中，如果想要在单行文字中添加一些特殊的符号，除非是记得特殊符号的快捷键，否则无法添加。其实用户只需要在命令行中输入相关命令后，即可将单行文字迅速转换成多行文字。选中要转换的单行文本，在命令行中输入 TXT2MTXT 命令，按回车键后，完成转换操作。此时再次选中该文本，即可进入多行文本编辑状态了。

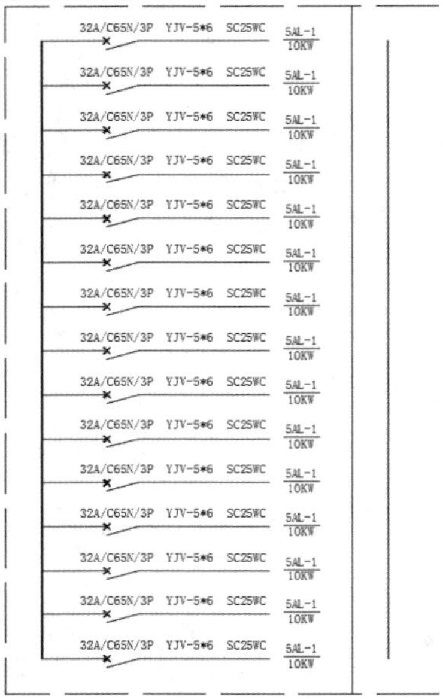

图 6-65 复制回路及文字

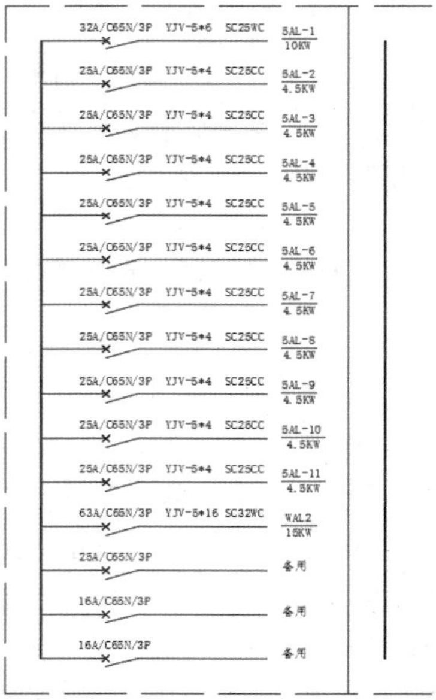

图 6-66 更改文字

Step 20 执行"复制"和"修剪"命令，将第一个配电箱的回路复制到第二条多段线上，如图 6-67 所示。

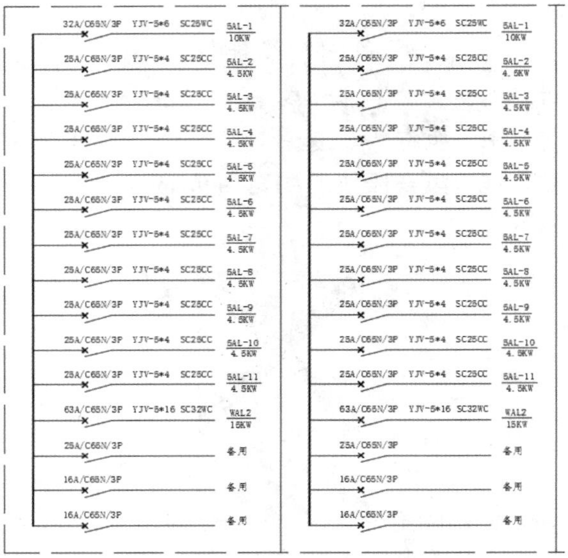

图 6-67 复制回路及文字

Step 21 删除第二个区域的第 1、2、13、14、15 这五条回路，并对竖直多段线进行修剪，完成第二个配电箱回路的绘制，如图 6-68 所示。

Step 22 修改第二个配电箱中的回路文字，如图 6-69 所示。

Step 23 执行"复制"命令，将第一个配电箱中的回路及文字复制到第三条多段线上，并删除其第 1、8、14 这三条回路及文字，完成第三个配电箱中回路的绘制，如图 6-70 所示。

Step 24 修改第三个回路文字内容。执行"椭圆"命令，绘制漏电断路器，如图 6-71 所示。

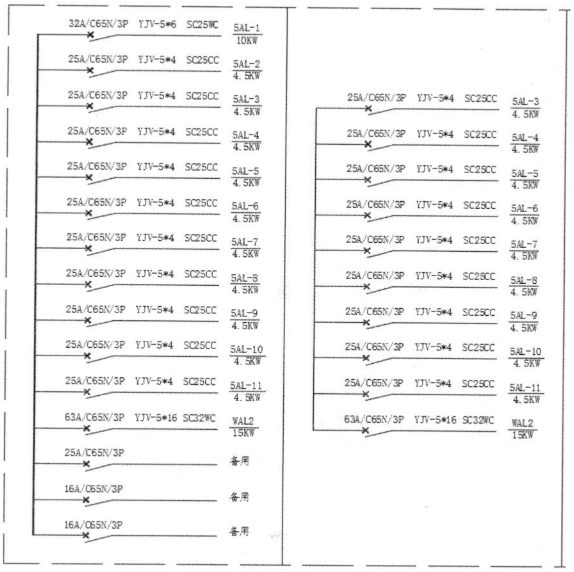

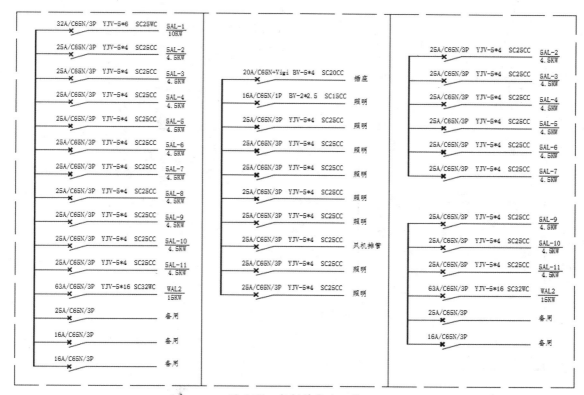

图 6-68　绘制回路

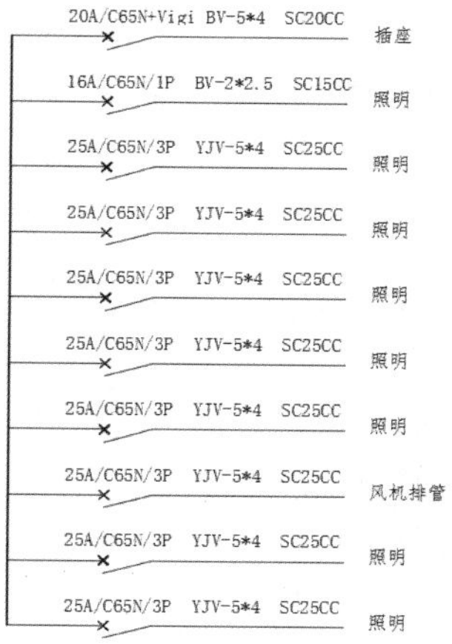

图 6-69　修改回路文字

图 6-70　复制并修改回路

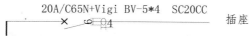

20A/C65N+Vigi BV-5*4　SC20CC

插座

图 6-71　绘制漏电断路器

Step 25 执行"复制"命令，将漏电断路器复制到其他回路合适位置。删除矩形虚线与等分直线。

Step 26 执行"复制"命令，将回路图形复制至配电箱中点处，并使用"修剪"和"直线"命令，修改复制的回路图形，如图 6-72 所示。

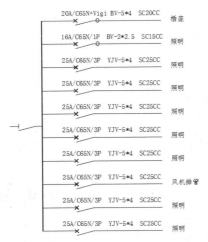

图 6-72　修改回路图形

Step 27 执行"多行文字"命令，添加文本内容。完成隔离开关图形的绘制，如图 6-73 所示。

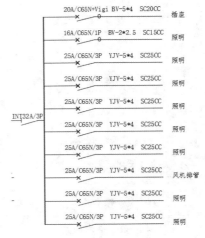

图 6-73　标注隔离开关

Step 28 将隔离开关复制至其他配电箱中点处，并修改其文本内容，如图 6-74 所示。

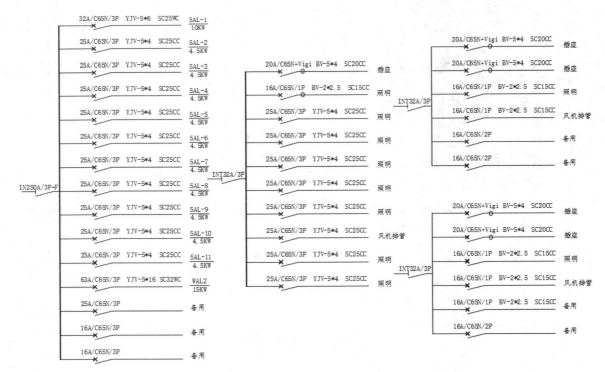

图 6-74　复制并修改隔离开关文本

Step 29 继续执行"多行文字"命令，将文字高度设为 15，并将其加粗显示。为各配电箱标注名称，结果如图 6-75 所示。至此楼房照明系统图全部绘制完毕。

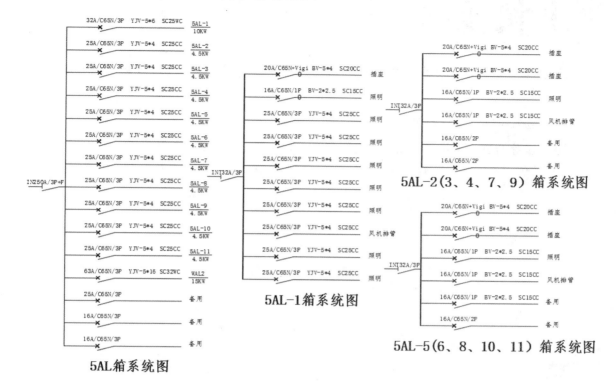

图 6-75　最终结果

为了让读者能够更好地掌握本章所学习到的知识，下面将列举 2 个操作题来对本章内容进行巩固。

1. 新建"电气制图"文字样式

利用"文字样式"对话框，新建"电气制图"文字样式，如图 6-76 所示。

图 6-76 新建"电气制图"文字样式

⚠ **操作提示：**

Step 01 执行"格式"→"文字样式"命令，打开"文字样式"对话框。

Step 02 单击"新建"按钮，新建"电气制图"文字样式。

Step 03 将字体名设为"仿宋 -GB2312"，高度设为"7"。

Step 04 单击"置为当前"按钮，完成新建操作。

2. 为电气图纸添加符号注释

利用"单行文字"和"复制"命令，为电气图纸添加符号注释，如图 6-77 所示。

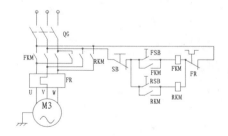

图 6-77 添加符号注释

⚠ **操作提示：**

Step 01 打开"三相电机启动控制电路图"素材文件，执行"单行文字"命令，对其中一个符号添加文本注释。

Step 02 执行"复制"命令，复制该文本注释。

Step 03 双击复制后的单行文本，修改文本内容。

第 **7** 章

为电气图形添加尺寸及引线标注

尺寸标注是在 AutoCAD 制图中不可缺少的一部分，它是图形的测量注释。通过在图纸中添加尺寸标注，才可使施工人员清晰地查看到图形真实大小以及相互关系。本章主要向用户介绍创建、编辑以及添加尺寸标注操作方法，以便用户能够熟练地运用到工作中去。

知识要点

- ▲ 尺寸标注的基本规则
- ▲ 创建和设置尺寸标注样式
- ▲ 添加尺寸标注
- ▲ 编辑尺寸标注

7.1 尺寸标注的基本规则

在 AutoCAD 中，绘制的图形只能反映出该图形的形状和结构，其真实大小和相互间的位置关系必须通过尺寸标注来完成，以便准确、清楚地反映对象的大小和对象之间的关系。下面将对尺寸标注的基本规则进行介绍。

7.1.1 尺寸标注的规则

对电气制图进行尺寸标注时应遵循如下规则。

- 图纸中尺寸标注清晰，尺寸线与设备轮廓线要有明显区分，标注箭头不小于 2.5mm。
- 物件的真实大小应以图样上的尺寸数字为依据，与图形大小及绘图的准确度无关。
- 图样中的尺寸数字如没有明确说明，一律以 mm 为单位。
- 图样中所标注的尺寸，为该图样所示机件的最后完工尺寸。物件的每一尺寸，一般只标注一次，并应标注在反映该结构最清晰的图形上。

7.1.2 尺寸标注的组成要素

一个完整的尺寸标注由尺寸界线、尺寸线、标注文本、箭头和圆心标记组成，如图 7-1 所示。

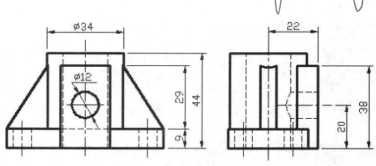

图 7-1　尺寸标注的组成元素

尺寸标注中各组成部分的作用及含义如下。

● 尺寸界线：也称为投影线，用于标注尺寸的界限，由图样中的轮廓线、轴线或对称中心线引出，它的端点与所标注的对象接近但并未连接到对象上。

● 尺寸线：通常与所标注对象平行，放在两尺寸界线之间，用于指示标注的方向和范围。尺寸线通常为直线，但为角度标注时，则为一段圆弧。

● 标注文本：通常位于尺寸线上方或中断处，用于表示所选标注对象的具体尺寸大小。在进行尺寸标注时，系统会自动生成所标注对象的尺寸数值，用户也可对标注文本进行修改。

● 箭头：在尺寸线两端，用于表明尺寸线的起始位置，用户可为标注箭头指定不同的大小和样式。

● 圆心标记：标记圆或圆弧的中心点位置。

7.2　创建和设置尺寸标注样式

使用尺寸标注命令对图形进行标注之前，应对尺寸标注的样式进行设置，如尺寸线样式、箭头样式、标注文字大小等，为尺寸标注设置统一的样式，便于对标注格式和用途进行修改。

7.2.1　新建尺寸标注样式

尺寸标注样式有利于控制标注的外观。不同行业的尺寸标注样式的要求是不同的。在 AutoCAD 中，利用"标注样式管理器"对话框可创建与设置标注样式。用户可通过以下方法打开"标注样式管理器"对话框，如图 7-2 所示。

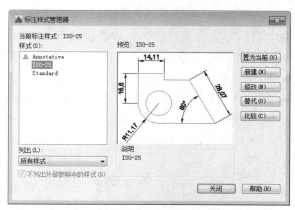

图 7-2　"标注样式管理器"对话框

● 执行"格式"→"标注样式"命令。
● 在"默认"选项卡的"注释"面板的下拉按钮单击"标注样式"按钮 。
● 在"注释"选项卡的"标注"面板中单击右下角箭头 即可。
● 在命令行中输入 D 或 DS 命令并按回车键。

执行以上任意操作后，都可打开"标注样式管理器"对话框。在该对话框中，用户可以创建新的标注样式，也可以对已定义的标注样式进行设置。

"标注样式管理器"对话框中各选项的含义介绍如下。

● 样式：列出图形中的标注样式，当前样式被亮显。在列表中单击鼠标右键可显示快捷菜单及选项，用于设定当前标注样式、重命名样式和删除样式。

● 列出：在"样式"列表中控制样式显示。如果要查看图形中所有的标注样式，请选择"所有样式"。如果只希望查看图形中标注当前使用的标注样式，请选择"正在使用的样式"。

● 预览：显示"样式"列表中选定样式的形。

● 置为当前：将在"样式"下选定的标注样式设定为当前标注样式。当前样式将应用于所创建的标注。

● 新建：显示"创建新标注样式"对话框，从中可以定义新的标注样式。

● 修改：显示"修改标注样式"对话框，从中可以修改标注样式。对话框选项与"新建标注样式"对话框中的选项相同。

● 替代：显示"替代当前样式"对话框，从中可以设定标注样式的临时替代值。对话框选项与"新建标注样式"对话框中的选项相同。替代将作为未保存的更改结果显示在"样式"列表中的标注样式下。

● 比较：显示"比较标注样式"对话框，从中可以比较两个标注样式或列出一个标注样式的所有特性。

在"标注样式管理器"对话框中，单击"新建"按钮，打开"创建标注样式"对话框，如图 7-3 所示。输入新样式名称，单击"继续"按钮，打开"新建标注样式"对话框。在此用户可根据需要对其选项卡参数进行相关设置，如图 7-4 所示。

图 7-3　"创建新标注样式"对话框

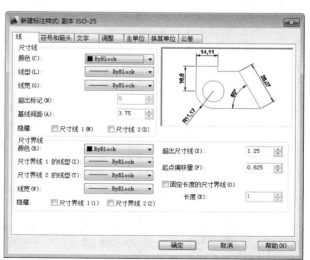

图 7-4　"线"选项卡

在"新建标注样式"对话框中包含了6个选项卡,分别为"线""符号和箭头""文字""调整""主单位""换算单位"以及"公差"。下面将对各选项卡的功能选项进行介绍。

- 线:主要用于设置尺寸线、尺寸界线的相关参数。
- 箭头和符号:主要用于设置设定箭头、圆心标记、弧长符号和折弯半径标注的格式和位置。
- 调整:主要用于控制标注文字、箭头、引线和尺寸线的放置。
- 主单位:主要用于设定主标注单位的格式和精度,并设定标注文字的前缀和后缀。
- 换算单位:主要用于指定标注测量值中换算单位的显示并设定其格式和精度。
- 公差:主要用于指定标注文字中公差的显示及格式。

7.2.2 修改尺寸标注样式

如果要对标注样式进行修改,可在"标注样式管理器"对话框中的"样式"列表中,选中要修改的标注样式,单击"修改"按钮,如图7-5所示。在打开的"修改标注样式"对话框中,根据需要对其相关参数选项进行更改,如图7-6所示。修改完成后,单击"确定"按钮,返回到上一层对话框,单击"置为当前"按钮,即可完成操作。

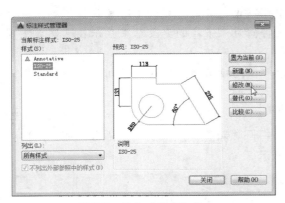

图7-5 单击"修改"按钮

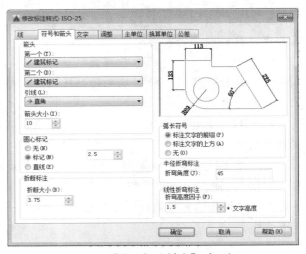

图7-6 "修改标注样式"对话框

知识拓展

在"标注样式管理器"对话框中,如果想要删除创建的样式,可在"样式"列表中,右击选中要删除的样式,在快捷菜单中选择"删除"选项即可。需要注意的是,系统自带的样式以及当前使用的标注样式是无法删除的。

实战——创建电气标注样式

本例将以创建电气标注样式为例,来介绍尺寸标注样式的设置方法。

Step 01 执行"格式"→"标注样式"命令，打开"标注样式管理器"对话框，单击"新建"按钮，如图 7-7 所示。

Step 02 在"创建新标注样式"对话框的"新样式名"文本框中输入新名称，单击"继续"按钮，如图 7-8 所示。

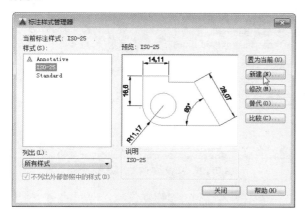

图 7-7　单击"新建"按钮

图 7-8　"创建新标注样式"对话框

Step 03 在"新建标注样式"对话框中，单击"线"选项卡，将尺寸线以及尺寸界线的颜色设为红色，设置超出尺寸线数值为 2，设置起点偏移量数值为 5，如图 7-9 所示。

Step 04 单击"符号和箭头"选项卡，将箭头符号设为"小点"，将箭头大小设为 2，如图 7-10 所示。

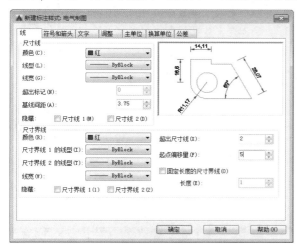

图 7-9　修改"线"选项卡

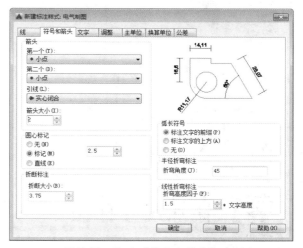

图 7-10　修改"符号和箭头"选项卡

Step 05 单击"文字"选项卡，将文字高度设为 2，如图 7-11 所示。

Step 06 单击"调整"选项卡，将文字位置设为"尺寸线上方，带引线"，如图 7-12 所示。

Step 07 单击"主单位"选项卡，将精度设为 0，其他参数为默认，如图 7-13 所示。

Step 08 设置完成后，单击"确定"按钮，返回上一层对话框，单击"置为当前"按钮，其后单击"关闭"按钮，完成电气标注样式的创建操作，如图 7-14 所示。

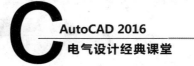

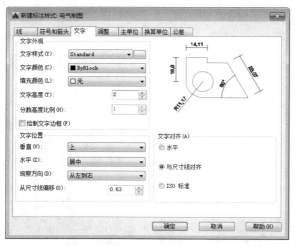

图 7-11　修改"文字"选项卡

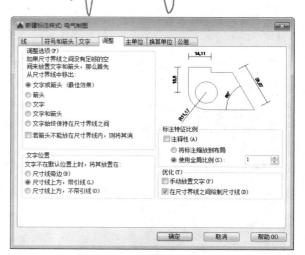

图 7-12　修改"调整"选项卡

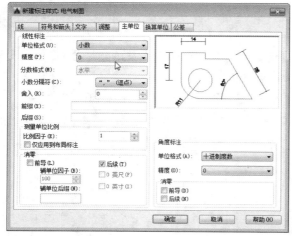

图 7-13　修改"主单位"选项卡

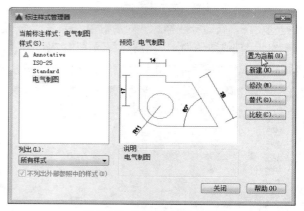

图 7-14　标注样式置为当前

7.3　添加尺寸标注

　　在 AutoCAD 中，系统提供了多种尺寸标注类型，例如线性标注、对齐标注、角度标注、弧长标注、半径/直径标注、折弯标注、快速标注、连续标注、基线标注以及多重引线标注等。当尺寸标注样式创建完成后，接下来就可以为图形添加相关尺寸标注了。

7.3.1　线性标注

　　线性标注是指标注图形对象在水平方向、垂直方向和旋转方向上的尺寸。在 AutoCAD 中，用户可通过以下方式来执行"线性"标注命令。

- 执行"标注"→"线性"命令。
- 在"默认"选项卡的"注释"面板中单击"线性"按钮┡。
- 在"注释"选项卡的"标注"面板中单击"线性"按钮。
- 在命令行中输入 DIMLINEAR 命令并按回车键。

执行"线性"命令后，用户可根据命令行提示，捕捉图形第一个标注点，其后捕捉图形第二个标注点，如图 7-15 所示。捕捉完成后，移动光标并指定尺寸线位置即可，如图 7-16、图 7-17 所示。

命令行提示如下。

```
命令: _dimlinear
指定第一个尺寸界线原点或 <选择对象>:                      (捕捉标注起始点)
指定第二条尺寸界线原点:                                  (捕捉标注第2点)
指定尺寸线位置或[多行文字(M)/文字(T)/角度(A)/水平(H)/垂直(V)/旋转(R)]: （指定尺寸线位置）
标注文字 = 30
```

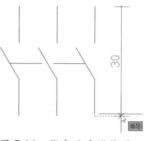
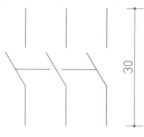

图 7-15 捕捉标注点　　　　图 7-16 指定尺寸线位置　　　　图 7-17 标注结果图

如果想利用"线性"命令，对有倾斜角度的线段进行标注，可按以上操作捕捉两个标注点，如图 7-18 所示。其后在命令行中输入 R，并指定旋转角度值，按回车键即可标注，如图 7-19、图 7-20 所示。

命令行提示如下。

```
命令: _dimlinear
指定第一个尺寸界线原点或 <选择对象>:                      (指定标注第1点)
指定第二条尺寸界线原点:                                  (指定标注第2点)
指定尺寸线位置或[多行文字(M)/文字(T)/角度(A)/水平(H)/垂直(V)/旋转(R)]: r   （输入"r"，回车）
指定尺寸线的角度 <0>: 30                                 (输入旋转角度值)
指定尺寸线位置或[多行文字(M)/文字(T)/角度(A)/水平(H)/垂直(V)/旋转(R)]: (指定尺寸线位置)
标注文字 = 30
```

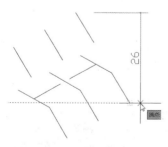
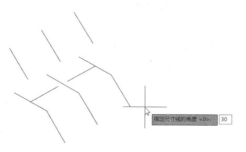

图 7-18 捕捉两个标注点　　　　图 7-19 输入旋转角度　　　　图 7-20 标注结果

7.3.2 对齐标注

对齐标注是指尺寸线平行于尺寸界线原点连成的直线，它是线性标注的一种特殊形式。在AutoCAD中，可通过以下方法执行"对齐"标注命令。

- 执行"标注"→"对齐"命令。
- 在"默认"选项卡的"注释"面板中单击"对齐"按钮。
- 在"注释"选项卡的"标注"面板中单击"对齐"按钮。
- 在命令行中输入 DIMALIGNED 命令并按回车键。

执行"对齐"命令后，用户可根据命令行提示，捕捉图形第一个标注点，其后捕捉图形第二个标注点，如图 7-21 所示。捕捉完成后，移动光标并指定好尺寸线位置即可，如图 7-22 所示。

命令行提示如下。

```
命令: _dimaligned
指定第一个尺寸界线原点或 <选择对象>:              (捕捉标注起始点)
指定第二条尺寸界线原点:                          (捕捉标注第2点)
指定尺寸线位置或[多行文字(M)/文字(T)/角度(A)]:    (指定尺寸线位置)
标注文字 =842
```

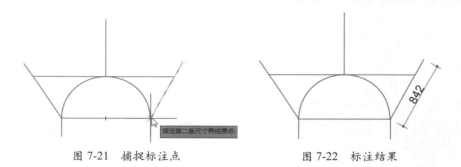

图 7-21　捕捉标注点　　　　　图 7-22　标注结果

7.3.3 角度标注

角度标注用于标注圆和圆弧的角度、两条非平行线之间的夹角或者不共线的三点之间的夹角。在 AutoCAD 中，用户可通过以下方式执行"角度"标注命令。

- 执行"标注"→"角度"命令。
- 在"默认"选项卡的"注释"面板中单击"角度"按钮。
- 在"注释"选项卡的"标注"面板中单击"角度"按钮。
- 在命令行中输入 DIMANGULAR 命令并按回车键。

执行"角度"命令后，用户可根据命令行提示，选择第一条夹角边线，其后选择第二条夹角边线，如图 7-23 所示。完成后，移动光标并指定好尺寸线位置，如图 7-24、图 7-25 所示。

命令行提示如下。

```
命令: _dimangular
选择圆弧、圆、直线或 <指定顶点>:                  (选择第1条夹角线段)
选择第二条直线:                                  (选择第2条夹角线段)
```

指定标注弧线位置或 ［多行文字 (M) /文字 (T) /角度 (A) /象限点 (Q) ］：　　　　　　（指定角度标注位置）
标注文字 = 123

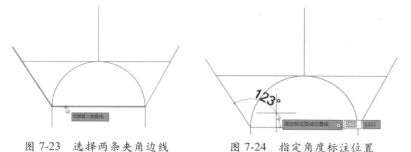

图 7-23　选择两条夹角边线　　　图 7-24　指定角度标注位置　　　图 7-25　标注结果

7.3.4　弧长标注

弧长标注用于测量圆弧或多段线弧线段上的距离，它可标注圆弧或半圆的尺寸。在 AutoCAD 中，用户可通过以下方式执行"弧长"标注命令。

- 执行"标注"→"弧长"命令。
- 在"默认"选项卡的"注释"面板中单击"弧长"按钮⌒。
- 在"注释"选项卡的"标注"面板中单击"弧长"按钮。
- 在命令行中输入 DIMARC 命令并按回车键。

执行"弧长"命令后，用户可根据命令行提示，选择所需标注的圆弧，如图 7-26 所示，其后，移动光标并指定好尺寸线位置即可，如图 7-27、图 7-28 所示。

命令行提示如下。

命令：_dimarc
选择弧线段或多段线圆弧段：　　　　　　　　　　　　　　　　　　　　（选择弧线段）
指定弧长标注位置或 ［多行文字 (M) /文字 (T) /角度 (A) /部分 (P) /引线 (L) ］：　　（指定标注位置）
标注文字 =31

图 7-26　选择弧线　　　　　图 7-27　标注弧线　　　　　图 7-28　标注结果

7.3.5　半径 / 直径标注

半径和直径标注用于标注圆和圆弧的半径和直径尺寸，并显示前面带有直径符号的标注文字。在 AutoCAD 中，用户可通过以下方法执行"半径"/"直径"标注命令。

- 执行"标注"→"半径"/"直径"命令。
- 在"默认"选项卡的"注释"面板中单击"半径◎"或"直径◎"按钮。
- 在"注释"选项卡的"标注"面板中单击"半径"或"直径"按钮。
- 在命令行中 DIMRADIUS/DIMDIAMTER

命令并按回车键。

执行"半径"或"直径"命令，根据命令行提示，选中所需的圆形，其后指定标注所在的位置即可，如图 7-29、图 7-30 所示。

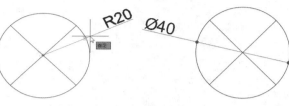

图 7-29　标注半径　　　　图 7-30　标注直径

命令行提示如下：

```
命令：_dimdiameter
选择圆弧或圆：                              （选择所需的圆或圆弧）
标注文字 = 20
指定尺寸线位置或 [多行文字(M)/文字(T)/角度(A)]：  （指定标注线位置）
```

7.3.6　折弯标注

折弯标注命令主要用于标注圆弧半径过大，而圆心无法在当前布局中进行显示的圆弧。在 AutoCAD 中，用户可以通过以下方法执行"折弯"标注命令。

- 执行"标注"→"折弯"命令。
- 在"默认"选项卡的"注释"面板中单击"折弯"按钮◢。
- 在"注释"选项卡的"标注"面板中单击"折弯"按钮。
- 在命令行中输入 DIMJOGGED 命令并按回车键。

执行"折弯"命令后，用户可根据命令行提示，选择要标注的图形，指示图示中心位置，如图 7-31 所示。然后指定尺寸线位置和折弯位置，完成折弯半径标注，如图 7-32 所示。

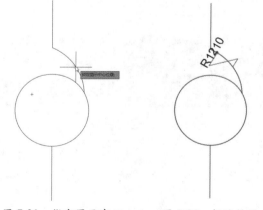

图 7-31　指定图示中心　　　图 7-32　标注结果

命令行提示如下。

```
命令：_dimjogged
选择圆弧或圆：                              （选择圆弧或圆形）
指定图示中心位置：                          （指定图示中心点）
标注文字 = 1210
指定尺寸线位置或 [多行文字(M)/文字(T)/角度(A)]：  （指定尺寸线位置）
指定折弯位置：                              （指定折弯位置）
```

7.3.7　快速标注

在 AutoCAD 中，用户可通过以下方法执行"快速"标注命令。

● →执行"标注"→"快速标注"命令。

● →在"注释"选项卡的"标注"面板中单击"快速标注"按钮。

● →在命令行中输入 QDIM 命令并按回车键。

执行"快速标注"命令后，选择要标注的图形线段，如图 7-33 所示。按回车键，指定好标注线位置即可完成快速标注操作，如图 7-34、图 7-35 所示。

命令行提示如下。

命令：_qdim
选择要标注的几何图形：指定对角点：找到 1 个　　　　　　　（选择所有要标注的图形线段）
选择要标注的几何图形：　　　　　　　　　　　　　　　　（按回车键）
指定尺寸线位置或 ［连续(C)/并列(S)/基线(B)/坐标(O)/半径(R)/直径(D)/基准点(P)/编辑(E)/设置
(T)］ <连续>：　　　　　　　　　　　　　　　　　（指定好标注线位置，完成操作）

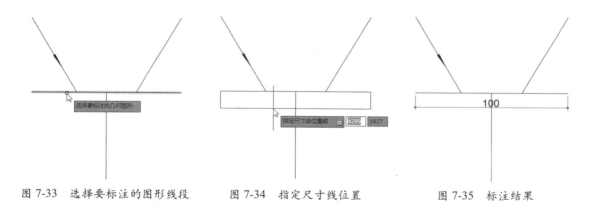

图 7-33　选择要标注的图形线段　　　图 7-34　指定尺寸线位置　　　图 7-35　标注结果

7.3.8　连续标注

连续标注是指连续地进行线性标注，每个连续标注都从前一个标注的第二条尺寸界线处开始。在 AutoCAD 中，用户可通过以下方式执行"连续"标注命令。

● 执行"标注"→"连续"命令。

● 在"注释"选项卡的"标注"面板中单击"连续"按钮。

● 在命令行中输入 DIMCONTINUE 命令并按回车键。

执行"连续"命令后，用户可根据命令行提示，选择上一个线性标注线，其后连续捕捉下一个标注点，如图 7-36 所示，直到捕捉最后一个标注点为止，即可完成连续操作，结果如图 7-37 所示。

命令行提示如下。

命令：_dimcontinue
选择连续标注：　　　　　　　　　　　　　　　　　　（选择上一个标注线）
指定第二个尺寸界线原点或 ［选择(S)/放弃(U)］ <选择>：　　　（捕捉下一个标注点，直到结束）

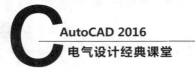

标注文字 = 349
指定第二个尺寸界线原点或 ［选择(S)/放弃(U)］ <选择>:
标注文字 = 463
指定第二个尺寸界线原点或 ［选择(S)/放弃(U)］ <选择>:　　　　（按回车键，完成标注操作）

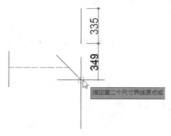
图 7-36　捕捉标注点

图 7-37　连续标注结果

7.3.9　基线标注

基线标注是从一个标注或选定标注的基线创建线性、角度或坐标标注。系统会使每一条新的尺寸线偏移一段距离，以避免与前一段尺寸线重合。

在 AutoCAD 中，用户可通过以下方式执行"基线"标注命令。

● 执行"标注"→"基线"命令。

● 在"注释"选项卡的"标注"面板中，单击"基线"按钮╟。

● 在命令行中输入 DIMBASELINE 命令并按回车键。

执行"基线"命令后，用户可根据命令行提示，同样选择一个线性标注线，其后连续捕捉下一个标注点，如图 7-38 所示，直到捕捉最后一个标注点为止，即可完成操作，结果如图 7-39 所示。

命令行提示如下。

命令：_dimbaseline
选择基准标注：　　　　　　　　　　　　　　　　　（选择线性标注基准界线）
指定第二个尺寸界线原点或 ［选择(S)/放弃(U)］ <选择>:　　（捕捉下一个标注点，直到结束）
标注文字 =51
指定第二个尺寸界线原点或 ［选择(S)/放弃(U)］ <选择>:
标注文字 =114
指定第二个尺寸界线原点或 ［选择(S)/放弃(U)］ <选择>:
标注文字 =134　　　　　　　　　　　　　　　　　（按回车键，完成标注操作）

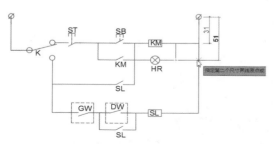
图 7-38　捕捉第二个标注点

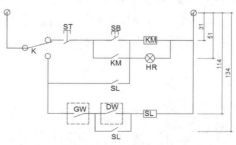
图 7-39　基线标注结果

✍ 绘图技巧

在 AutoCAD 中，默认的基线距离是 3.75mm，用户在操作时，需要根据图纸实际情况，更改其参数。打开"标注样式管理器"对话框，单击"修改"按钮，打开"修改标注样式"对话框，在"线"选项卡的"尺寸线"选项组中，设置基线间距参数值即可。

7.3.10 多重引线标注

在 AutoCAD 中，使用多重引线标注时，一般需要先设置好多重引线标注的样式，其后再进行多重引线标注操作。下面将简单介绍一下多重引线标注的设置与创建操作。其操作方法与尺寸标注相似。

1. 设置引线标注样式

在 AutoCAD 中，通过"多重引线样式管理器"对话框即可创建并设置多重引线样式，用户可以通过以下方法调出该对话框。

- 执行"格式"→"多重引线样式"命令。
- 在"默认"选项卡的"注释"面板中单击"多重引线样式"按钮🔏。
- 在"注释"选项卡的"引线"面板中单击右下角箭头↘。
- 在命令行中输入 MLEADERSTYLE 命令并按回车键。

执行以上任意操作后，可打开"多重引线样式管理器"对话框，如图 7-40 所示。单击"修改"按钮，打开"修改多重引线样式"对话框，从中对各选项卡中的相关参数进行设置即可，如图 7-41所示。设置完成后，单击"确定"按钮，返回上一层对话框，单击"置为当前"按钮，完成操作。

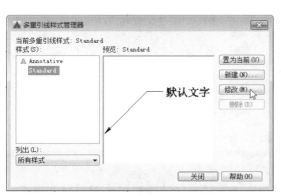

图 7-40 单击"修改"按钮

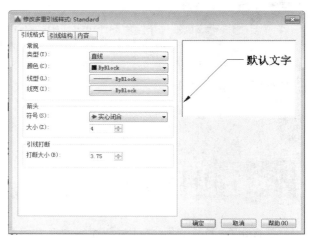

图 7-41 修改样式参数

2. 创建引线标注

在 AutoCAD 中，用户可通过以下方式创建引线标注。

- 执行"标注"→"多重引线"命令。

- 在"默认"选项卡的"注释"面板中单击"引线"按钮 ⌒。
- 在"注释"选项卡的"引线"面板中单击"多重引线"按钮。
- 在命令行中输入 MIEADER 命令并按回车键。

执行以上任意操作，都可启动"引线"标注命令。用户只需根据命令行提示，先在绘图区中指定好引线起点，其后指定引线位置，如图 7-42 所示。最后在光标处输入注释内容，单击空白处，完成添加操作，如图 7-43 所示。

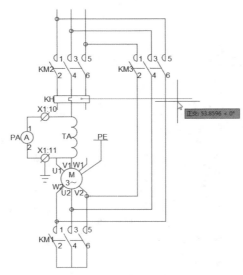

图 7-42　指定引线起点与基线位置

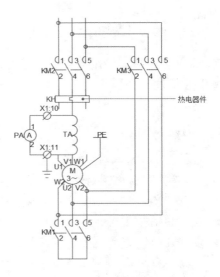

图 7-43　输入文字注释

知识拓展

引线标注创建完毕，用户还可以使用"添加引线 ⌒"、"对齐引线 ⌒"和"删除引线 ⌒"这三个命令，对当前引线进行设置。其中，添加引线是将引线添加至现有的引线中；而对齐引线是将选定的引线进行对齐并按一定的间距排列；删除引线是将引线从现有的多重引线中删除。这些功能在操作时，都可根据命令行提示进行操作。

7.4　编辑尺寸标注

在 AutoCAD 中，用户可对创建好的尺寸标注进行修改编辑。尺寸编辑包括编辑尺寸样式、修改尺寸标注文本、调整标注文字位置、分解尺寸对象等。

7.4.1　编辑标注文本

调整文字标注位置是将尺寸标注的文字以尺寸线的左边、中间及右边进行调整。当然用户也可以自定义新位置。在 AutoCAD 中，可通过以下方法对文本位置进行设置。

● 执行"标注"→"对齐文字"命令下的子命令。

● 在命令行中输入 DIMTEDIT 命令并按回车键。

执行以上任意操作后，用户可根据命令行提示，先选中标注的文本，然后再指定文本的新位置即可，如图 7-44、图 7-45 所示。

命令行提示如下。

```
命令：DIMTEDIT
选择标注：                                          （选择标注的文本）
为标注文字指定新位置或 [左对齐(L)/右对齐(R)/居中(C)/默认(H)/角度(A)]：    （指定新位置）
```

命令行中包含了 5 种文字位置的样式，其含义如下。

● 左对齐：将文字标注移动到左边的尺寸界线处，该方式适用于线性、半径和直径标注。

● 右对齐：将文字标注移动到右边的尺寸界线处。

● 居中：将文字标注移动到尺寸界线的中心处。

● 默认：将文字标注移动到原来的位置。

● 角度：改变文字标注的旋转角度。

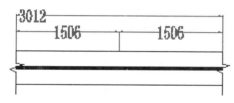

图 7-44　文字标注左对齐

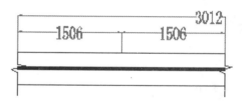

图 7-45　文字标注右对齐

绘图技巧

对当前标注进行编辑时，除了能够对标注文本的位置进行更改外，还可以对文本内容进行修改，例如添加一些特殊符号时，就需要对其内容进行更改。双击要更改的标注文本，在文本编辑器中输入特殊符号快捷键，或单击"符号"下拉列表，插入相关符号，然后单击图纸空白处，完成标注内容的更改操作。

7.4.2　使用"特性"面板修改尺寸标注

如果要对标注的文本内容进行更改，双击标注的文本，在打开的文本编辑器中，即可对其内容进行更改。当然用户也可使用"特性"面板来修改尺寸标注。

选中要修改的尺寸标注，单击鼠标右键，选择"特性"选项，如图 7-46 所示。在打开的"特性"面板中，用户可对该尺寸标注的"直线和箭头""文字""调整"等参数进行设置，如图 7-47 所示。

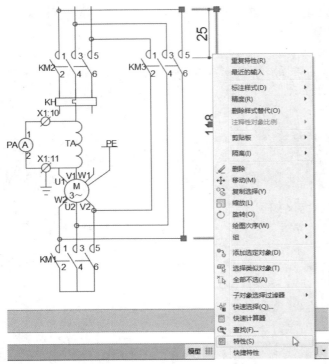

图 7-46　右击选择"特性"选项

图 7-47　设置参数

7.4.3　替代尺寸标注

当少数尺寸标注与其他大多数尺寸标注在样式上有差别时，若不想创建新的标注样式，可以创建标注样式替代。

打开"标注样式管理器"对话框，单击"替代"按钮，打开"替代当前样式"对话框，如图 7-48 所示。从中可对所需的参数进行设置，然后单击"确定"按钮即可。返回到上一对话框，在"样式"列表中显示了"样式替代"，如图 7-49 所示。

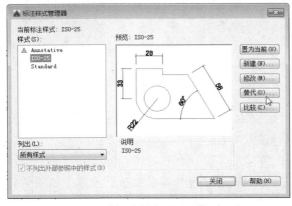

图 7-48　"标注样式管理器"对话框

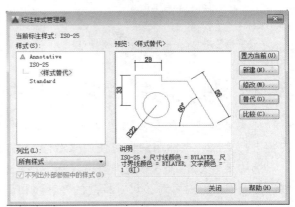

图 7-49　样式替代

综合演练 为住宅一层电气平面图添加尺寸标注

实例路径： 实例 \CH07\ 综合演练 \ 为住宅一层电气平面图添加尺寸标注 .dwg
视频路径： 视频 \CH07\ 为住宅一层电气平面图添加尺寸标注 .avi

在学习本章知识内容后，下面将通过具体案例来巩固所学的知识。本实例运用到的知识有设置尺寸标注样式"线性""连续"等。

Step 01 打开"住宅一层电气平面图"素材文件。执行"格式"→"标注样式"命令，打开"标注样式管理器"对话框，单击"修改"按钮，如图 7-50 所示。

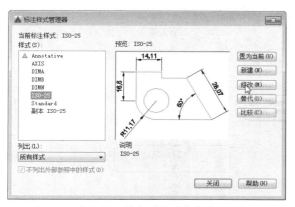

图 7-50 单击"修改"按钮

Step 02 在"修改标注样式"对话框中，单击"线"选项卡，设置尺寸线、尺寸界线的颜色，以及"超出尺寸线""起点偏移量"参数，如图 7-51 所示。

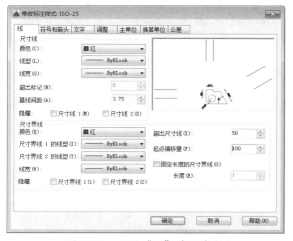

图 7-51 设置"线"选项参数

Step 03 单击"符号和箭头"选项卡，将箭头样式设为"建筑标记"；将"箭头"大小设为 200，如图 7-52 所示。

图 7-52 设置箭头样式及大小

Step 04 单击"文字"选项卡，将文字高度设为 450，其他参数为默认值，如图 7-53 所示。

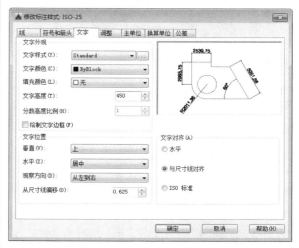

图 7-53 设置文字高度

Step 05 单击"调整"选项卡，将文字位置设置为"尺寸线上方，带引线"，其他为默认值，如图 7-54 所示。

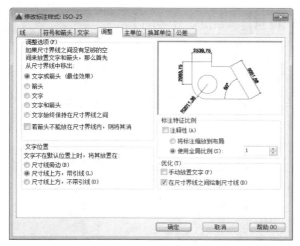

图 7-54　设置文字位置

Step 06 单击"主单位"选项卡，将精度设为 0，其他参数为默认值，如图 7-55 所示。

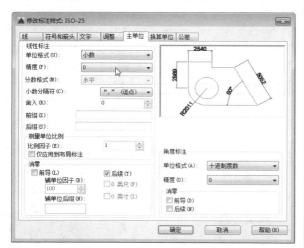

图 7-55　设置精度值

Step 07 单击"确定"按钮，返回上一层对话框，单击"置为当前"按钮，其后单击"关闭"按钮，关闭对话框，完成标注样式的设置操作，如图 7-56 所示。

Step 08 在"注释"选项卡的"标注"面板中，单击"线性"标注命令，根据命令行提示，捕捉平面图右上角两个标注点，如图 7-57 所示。

Step 09 指定好尺寸线位置，完成线性标注操作，如图 7-58 所示。

Step 10 在"标注"面板中单击"连续"标注命令，捕捉下一个标注点，如图 7-59 所示。

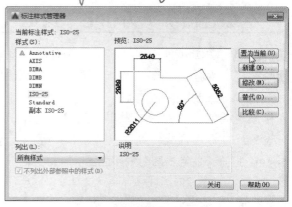

图 7-56　样式置为当前

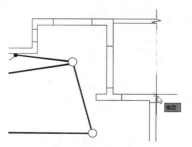

图 7-57　捕捉标注点

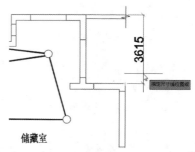

图 7-58　指定尺寸线位置

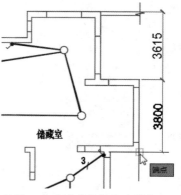

图 7-59　启动"连续"命令捕捉下一点

Step 11 继续捕捉下一个标注点，直到最后一个标注点位置，完成连续标注操作，如图 7-60 所示。

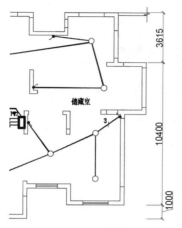

图 7-60　完成连续标注操作

Step 12 执行"线性"标注命令，捕捉平面图右上角和右下角两个标注点，标注图形一侧的总尺寸，

如图 7-61 所示。

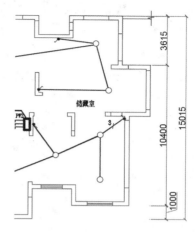

图 7-61　标注一侧图形总尺寸

Step 13 按照以上的操作，完成平面图其他三侧的标注操作，结果如图 7-62 所示。至此，完成住宅一层电气平面图的尺寸标注操作。

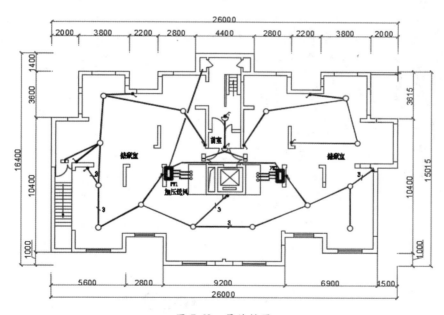

图 7-62　最终结果

上机操作

为了让读者能够更好地掌握本章所学习到的知识，下面将列举两个操作题来对本章内容进行巩固。

1. 创建"电气（公制）"尺寸标注样式

利用"标注样式管理"对话框，创建"电气（公制）"尺寸标注样式，如图 7-63 所示。

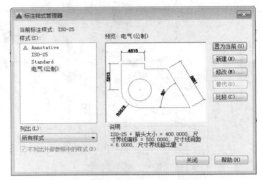

图 7-63　设置标注样式

⚠ **操作提示：**

Step 01 执行"格式"→"标注样式"命令，打开"标注样式管理器"对话框，单击"新建"按钮，新建"电气（公制）"样式名称。

Step 02 在"新建标注样式"对话框中，将尺寸线和尺寸界线颜色设为红色，将"超出尺寸线"和"起点偏移量"参数分别设为 300 和 500，将箭头样式设为"建筑标记"，其大小设为 400，将文字高度设为 600，将精度设为 0。

Step 03 单击"确定"按钮，返回上一层对话框，单击"置为当前"按钮即完成操作。

2. 为车间动力平面图添加尺寸标注

利用"线性"和"连续"标注命令，为车间动力平面图添加尺寸标注，如图 7-64 所示。

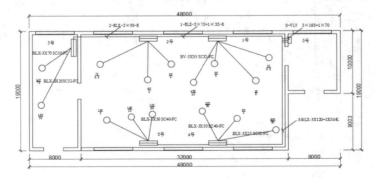

图 7-64　添加尺寸标注

⚠ **操作提示：**

Step 01 打开素材平面图，执行"线性"标注命令，标注图纸下方部分尺寸。

Step 02 执行"连续"标注命令，完成图纸下方剩余尺寸线的标注操作。

Step 03 继续执行"线性"和"连续"标注命令，完成图纸其他部分的尺寸标注。

第8章

输出与打印电气图纸

图纸绘制完成后，为了方便用户查看，可将图纸进行输出或打印操作。图形的输出是整个设计过程的最后一步，它可将设计的成果显示在图纸上。本章将介绍图纸的打印与输出操作，其中包含图纸的输出与打印、布局视口的创建与设置以及图纸发布等知识内容。

知识要点

- ▲ 图纸的输入与输出
- ▲ 模型空间与图纸空间
- ▲ 布局视口
- ▲ 打印图纸
- ▲ 网络应用

8.1 图纸的输入与输出

在 AutoCAD 中，用户可将绘制完的图纸按照所需格式输出，也可以将其他应用软件的文件导入该软件中。下面将介绍具体的操作方法。

8.1.1 输入图形与插入 OLE 对象

用户可以将各种格式的文件输入到当前图形中。在 AutoCAD 中，可通过以下方法输入图纸。
- 执行"文件"→"输入"命令或执行"插入"→"Windows 图元文件"命令。
- 在"插入"选项卡的"输入"面板中单击"输入"按钮。

执行以上任意操作，都可打开"输入文件"对话框，在该对话框的"文件类型"选项下，选择需要导入的文件类型，其后选择要导入的图形文件，单击"打开"按钮即可，如图 8-1、图 8-2所示。

下面介绍部分输入文件的类型。

- 3D Studio 文件：该文件格式可以用于 3ds Max 的 3D Studio 文件，文件中保留了三维几何图形、视图、光源和材质。

图 8-1　"输入文件"对话框　　　　　　图 8-2　输入文件类型

● FBX 文件：该文件格式是用于三维数据传输的开放式框架，在 AutoCAD 中，用户可以将图形输出为 FBX 文件，然后在 3ds Max 中查看和编辑该文件。

● 图元文件：该文件格式即 Windows 图元文件格式（WMF），文件包括屏幕矢量几何图形和光栅几何图形格式。

● Rhino 文件：该文件格式（*.3dm）通常用于三维 CAD 系统之间的 NURBS 几何图形的交换。

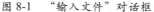

绘图技巧

若要将 PDF 参考底图文件转换成 CAD 文件，可执行"插入"→"PDF 参考底图"命令，在"选择参照文件"对话框中，选择要调入的 PDF 文件，单击"打开"按钮，打开"附着 PDF 参考底图"对话框，在"从 PDF 文件选择一个或多个页面"列表中选择要输入的 PDF 页面，单击"确定"按钮即可。

如果要将文档或表格内容调入 CAD 软件中，可执行"OLE 对象"命令。执行"插入"→"OLE 对象"命令，在"插入对象"对话框中，选择"由文件创建"单选项，并单击"浏览"按钮，如图 8-3 所示，打开"浏览"对话框，在此选择要插入的文档，单击"打开"按钮，如图 8-4 所示。返回至上一层对话框，单击"确定"按钮即可将文档调入至 CAD 中。

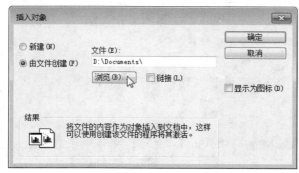

图 8-3　由文件创建　　　　　　　　　图 8-4　选择要插入的文档

8.1.2 输出图纸

用户要将 AutoCAD 图形对象保存为其他需要的文件格式以供其他软件调用，只需将对象以指定的文件格式输出即可。

在 AutoCAD 中，用户可通过以下方法将图纸进行输出操作。

● 单击"菜单浏览器"按钮，在打开的程序菜单中，选择"输出"选项，并在打开的子菜单中，选择需要的文件格式选项，或选择"其他格式"选项。

● 执行"文件"→"输出"命令。

● 在"输出"选项卡的"输出为 DWF/PDF"面板中单击"输出"按钮。

执行以上任意操作后，都会打开"输出数据"或"另存为 **"对话框，如图 8-5 所示。在打开的对话框中，设置好输出文件类型及文件名，单击"保存"按钮即可完成输出操作，如图 8-6 所示。

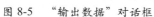

图 8-5 "输出数据"对话框

图 8-6 输出文件类型

下面介绍 AutoCAD 中部分输出文件的类型。

● 三维 DWF 文件：这是一种图形 Web 格式文件，属于二维矢量文件。可以通过这种文件格式在因特网或局域网上发布自己的图形。

● 三维 DWFx 文件：这是一种包含图形信息的文本文件，可被其他 AutoCAD 系统或应用程序读取。

● 图元文件：该文件格式即 Windows 图元文件格式（WMF），文件包括屏幕矢量几何图形和光栅几何图形格式。

● ACIS 文件：该文件格式可以将代表修剪过的 NURB 表面、面域和三维实体的 AutoCAD 对象输出到 ASCII 格式的 ACIS 文件中。

● 平板印刷：用平板印刷（SLA）兼容的文件格式输出 AutoCAD 实体对象。实体数据以三角形网格面的形式转换为 SLA。SLA 工作站使用这个数据定义代表部件的一系列层面。

● 位图文件：这是一种位图格式文件，在图像处理行业中应用相当广泛。

● 块文件：这是将选定对象保存到指定的图形文件或将块转换为指定的图形文件。

实战——将三相电机启动控制电路图输出成 BMP 格式文件

本例将运用"输出"命令，将三相电机启动控制电路图输出成 BMP 格式文件。

Step 01 打开"三相电机启动
控制电路图"素材文件，单击
"菜单浏览器"按钮，在打开
的程序菜单中，选中"输出"
选项，并在其子菜单中选择"其
他格式"选项，如图 8-7 所示。

Step 02 在打开的"输出数据"
对话框中，单击"文件类型"
下拉按钮，选择"位图（*.bmp）"
选项，如图 8-8 所示。

图 8-7 启动"输出"命令

图 8-8 设置输出模式

Step 03 设置好输出路径及文件名，单击"保存"按钮，如图 8-9 所示。

Step 04 返回到绘图区，框选要输出的图纸范围，如图 8-10 所示。

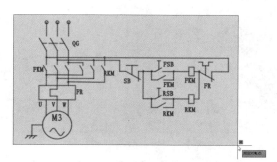

图 8-9 保存操作

图 8-10 框选输出的图纸范围

Step 05 按回车键，完成图纸输出操作。

Step 06 双击输出的图纸，可查看输出结果，如图 8-11 所示。

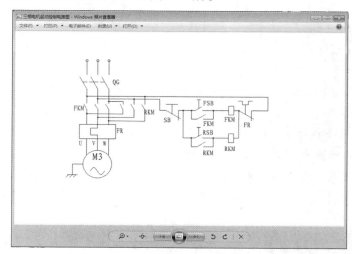

图 8-11 查看输出结果

8.2 模型空间与图纸空间

在绘图工作中，可以通过三种方法来确认当前的工作空间，即观察图形坐标系图标的显示、观察图形选项卡的指示和观察系统状态栏的提示。

8.2.1 模型空间和图纸空间的概念

在 AutoCAD 中，模型空间与图纸空间是两种不同的屏幕工作空间。其中，模型空间用于建立对象模型，而图纸空间则用于将模型空间中绘制的三维或二维对象按用户指定的观察方向正投射为二维图形，并且允许用户按需要的比例将图纸摆放在图形界限内的任何位置，如图 8-12、图 8-13 所示。

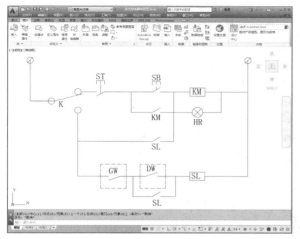
图 8-12　模型空间

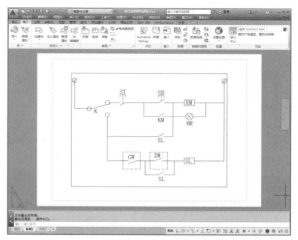
图 8-13　图纸空间

8.2.2 模型与图纸的切换

下面将为用户介绍模型空间与图纸空间的切换方法。

1. 从模型空间向图纸空间切换

● 将光标放置在文件选项卡上，然后选择"布局 1"或"布局 2"选项，如图 8-14 所示。
● 单击状态栏左侧"布局 1"或"布局 2"选项卡，如图 8-15 所示。

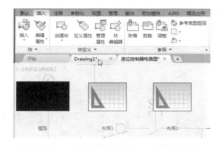
图 8-14　使用"文件选项卡"选择

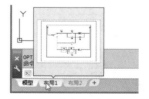
图 8-15　单击相关命令切换

● 单击状态栏中的"模型"按钮 **模型**，该按钮会变为"图纸"按钮 **图纸**，如图 8-16 所示。

图 8-16 "模型"切换至"图纸"

2. 从图纸空间向模型空间切换

● 将光标放置在文件选项卡上，然后选择"模型"。
● 单击绘图窗口左下角的"模型"选项卡。
● 单击状态栏中的"图纸"按钮 **图纸**，该按钮变为"模型"按钮 **模型**。
● 在命令行中输入 MSPACE 命令并按回车键，可以将布局中最近使用的视口置为当前活动视口，在模型空间工作。
● 在存在视口的边界内部双击鼠标左键，激活该活动视口，进入模型空间。

8.3 布局视口

在操作过程中，用户可在布局空间中创建多个布局视口，以便显示模型的不同视图。在布局空间中创建视口时，可以确定视口的大小，并且可以将其定位于布局空间的任意位置。

8.3.1 创建布局视口

在 AutoCAD 中，切换至图纸空间，在"布局"选项卡的"布局视口"面板中，单击"矩形"按钮，在布局界面中指定视口起始点，按住鼠标左键拖动至满意位置，放开鼠标即可完成视口的创建，如图 8-17 所示。按照同样的创建方法，可创建出多个视口，如图 8-18 所示。

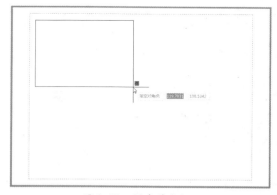

图 8-17 创建单个视口

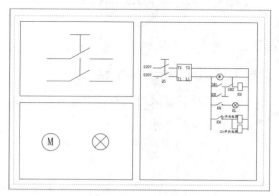

图 8-18 创建多个视口

实战——创建两个布局视口

本例将以稳压电路图纸为例介绍布局视口的创建操作。

Step 01 打开"稳压电路图"素材文件，单击状态栏左侧"布局 1"选项卡，切换至图纸空间，如图 8-19 所示。

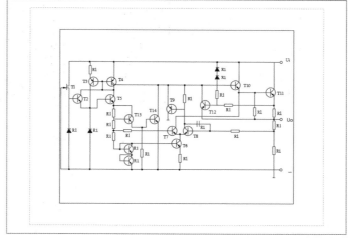

图 8-19　切换图纸空间

Step 02 选中默认视口，按 Delete 键将其删除。在"布局"选项卡的"布局视口"面板中，单击"矩形"按钮，在布局界面中，使用鼠标拖拽的方法，绘制一个方形视口，如图 8-20 所示。

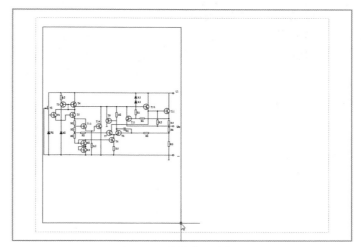

图 8-20　绘制第一个视口

Step 03 将光标移至视口中，双击该视口，当视口边线呈加粗状态时，则转换至模型空间，滚动鼠标滚轮，放大图形，并按住鼠标滚轮平移图形，将图纸前半部分图形显示在该视口中，如图 8-21 所示。

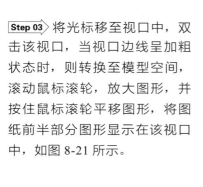
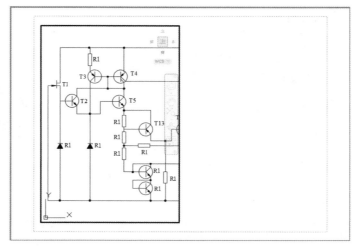

图 8-21　缩放视口中的图形

Step 04 双击视口外任意一点，此时，视口边线恢复细实线，而该视口内的图形已被锁定，如图 8-22 所示。

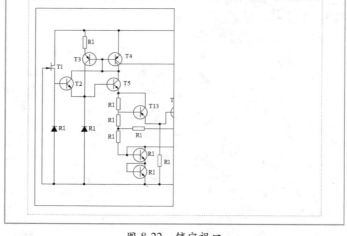

图 8-22 锁定视口

Step 05 在"布局视口"面板中再次单击"矩形"命令，绘制另一个视口，如图 8-23 所示。

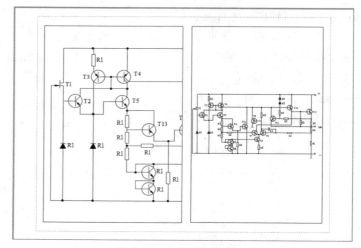

图 8-23 绘制第二个视口

Step 06 双击右侧视口，当视口边线呈加粗状态时，使用鼠标滚轮平移图形，将图纸后半部分图形显示在该视口中，双击视口外一点，锁定视口，如图 8-24 所示。

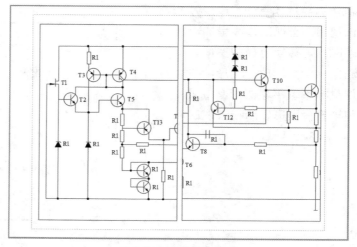

图 8-24 设置视口内容

8.3.2 设置布局视口

布局视口创建好后，如果对其效果不满意，可以进行编辑操作。例如调整视口大小、删除复制视口、隐藏视口等。

1. 调整视口大小

要对视口的大小进行调整，可单击所需视口，并选择视口的显示夹点，当夹点呈红色显示时，按住鼠标左键不放，拖动夹点至满意位置，放开鼠标即可，如图 8-25、图 8-26 所示。

知识拓展

视口创建好后，用户还可将视口进行剪裁。在"布局"选项卡的"布局视口"面板中，单击"剪裁"命令，根据命令行提示，选中要裁剪的视口，按回车键，指定多个裁剪点作为多边形的端点，绘制多边形。使其要保留的图形显示在多边形内。完成后，按回车键，此时没有被选中的图形视口已被删除。

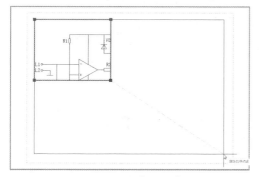

图 8-25 拖动夹点至满意位置

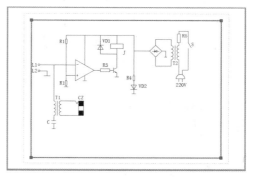

图 8-26 完成调整操作

2. 隐藏／显示视口

对布局视口进行隐藏或显示操作，可以有效减少视口数量，节省图形生成时间。在布局界面中，选中要隐藏的视口，单击鼠标右键，在弹出的快捷菜单中选择"显示视口对象"→"否"选项，即可隐藏视口，如图 8-27、图 8-28 所示。

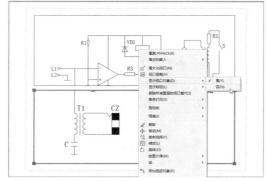

图 8-27 隐藏视口内容

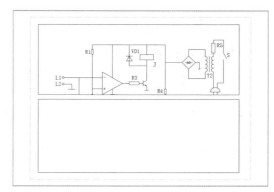

图 8-28 隐藏结果

视口内容被隐藏后，如果需要将其显示，单击鼠标右键，在弹出的快捷菜单中，选择"显示视口对象"→"是"选项，即可显示视口。

8.4 打印图纸

在模型空间中图形绘制完毕后，便可以打印出图了。在打印之前，有必要按照当前设置，在"布局"模式下进行打印预览。

在 AutoCAD 中，可以通过以下方式进行打印设置。

● 执行"文件"→"打印"命令。

● 在快速访问工具栏中单击"打印"按钮🖨。

● 在"输出"选项卡的"打印"面板中单击"打印"按钮。

● 在命令行中输入 PLOT 命令并按回车键。

执行以上任意操作，都可打开"打印－模型"对话框，在该对话框中，用户可对图纸尺寸、打印区域以及打印比例等参数进行设置，如图 8-29 所示。

待打印参数设置完成后，单击"预览"按钮，在打开的预览视图中可预览打印的图纸，单击鼠标右键，在弹出的快捷菜单中，选择"打印"选项即可打印，如图 8-30 所示。若需修改，按 ESC 键，返回至打印对话框，重新设置参数。

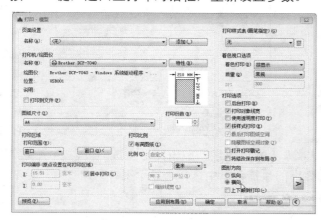

图 8-29　设置打印参数

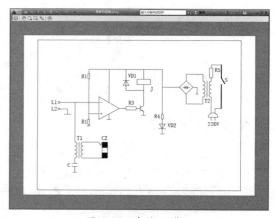

图 8-30　打印预览

打印设置部分参数说明如下。

● 打印机/绘图仪：该选项组是用于选择打印设备。单击"名称"下拉按钮，选择打印机名称。

● 图纸尺寸：该选项组是用于设置打印图纸的纸张大小。单击"图纸尺寸"下拉按钮，在打开的列表中，选择所需纸张大小选项即可。需要注意的是，不同的打印设备支持的图纸大小也有所不同。

● 打印区域：该选项组是用于设置图形的打印区域。单击"打印范围"下拉按钮，有 4 种模式可供用户选择，分别为：窗口、范围、图形界限以及显示。选择"窗口"模式时，在绘图区中，需使用鼠标拖拽的方法，框选出要打印的图纸范围；选择"范围"模式时，系统则会打印当前绘图区内所有图形对象；选择"图形界限"模式时，只会打印绘制的图形界限内的所有图形对象；而选择"显示"模式时，系统只会打印当前视口中的图形对象。

● 打印偏移：该选项组是对在打印的图纸中，对图形显示的位置进行设置。其中包含相对于 X 轴和 Y 轴方向的位置，也可将图形进行居中打印。

● 打印比例：该选项组可设置图形输出时的打印比例。

● 打印样式表：该选项组用于修改图形打印的外观。选择某个打印样式后，图形中的每个对象或图层都具有该打印样式的属性，修改打印样式可以改变对象输出的颜色、线型或线宽等特性，如图 8-31、图 8-32 所示。

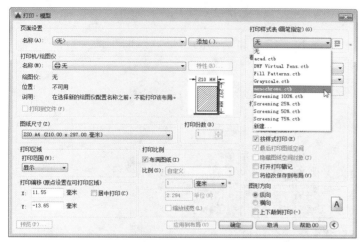

图 8-31　选择打印样式

图 8-32　设置打印样式

● 图形方向：该选项组用于设置图形在图纸上的打印方向。分为纵向、横向。纵向是将图纸的短边作为图形页面的顶部进行打印；而横向则是将图纸的长边作为图形页面的顶部进行打印；上下颠倒打印是将图像在图纸上倒置进行打印，相当于将图像旋转 180 度后再打印。

● 打印预览：将图形发送到打印机或绘图仪之前，最好先进行打印预览，打印预览显示的图形与打印输出时的图形效果相同。

绘图技巧

"打印 – 模型"对话框在默认情况下不显示"打印样式表""着色视口选项""打印选项以及"打印方向"这些参数，用户只需在对话框右下角，单击"更多选项"按钮，才会显示。

8.5　网络应用

AutoCAD 强化了其互联网功能，使其与互联网相关的操作更加方便、高效，可以使用 Web 浏览器、创建超链接、设置电子传递以及发布图纸到 Web，这为分享和重复使用设计提供了更

为便利的条件。

8.5.1 超链接管理

超链接就是将 AutoCAD 中的图形对象与其他数据、信息、动画、声音等建立链接关系。链接的目标对象可以是现有的文件或 Web 页，也可以是电子邮件地址等。在 AutoCAD 中，用户可以通过以下方法插入超链接。

- 执行"插入"→"超链接"命令。
- 在"插入"选项卡的"数据"面板中单击"超链接"按钮。
- 按 Ctrl + K 组合键。

执行以上任意操作，根据命令行提示，选择要创建超链接的图形，按回车键，打开"插入超链接"对话框，在此设置好相关链接参数即可，如图 8-33 所示。

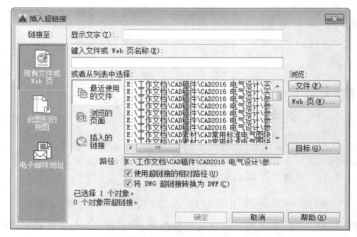

图 8-33　设置超链接

"插入超链接"对话框的主要选项说明如下。

- 显示文字：该文本框用于输入超链接的文字说明。将鼠标移至创建好超链接的对象上时，即会显示输入的文字说明。
- 键入文件或 Web 页名称：在该文本框中可以输入要链接到的文件或 URL。它可以是存储在本地磁盘或互联网上的文件，也可以是网址。

8.5.2 电子传递设置

用户在发布图纸时，经常会忘记发送字体、外部参照等相关描述文件，这会使得接收时打不开收到的文档，从而造成无效传输。AutoCAD 向用户提供的电子传递功能，可自动生成包含设计文档及其相关描述文件的数据包，然后将数据包粘贴到 E-mail 的附件中进行发送。这样就大大简化了发送操作，并且保证了发送的有效性。

单击"菜单浏览器"按钮，在打开的程序菜单中，选择"发布"→"电子传递"命令，在"创建传递"对话框中，将其参数保持默认，单击"确定"按钮，如图 8-34 所示。在"指定 ZIP 文件"

对话框中，设置好保存路径及文件名，单击"保存"按钮，完成文件打包操作。然后用户可将打包好的数据通过 E-mail 进行发送，如图 8-35 所示。

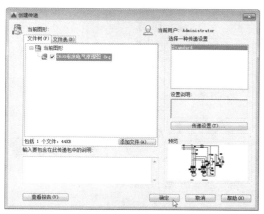

图 8-34　创建传递

图 8-35　打包数据文件

综合演练　打印三居室开关布置图并将其保存成 PDF 格式文件

实例路径： 实例 \CH08\ 综合演练 \ 三居室开关布置图保存成 PDF.dwg
视频路径： 视频 \CH08\ 打印三居室开关布置图并将其保存成 PDF.avi

　　在学习本章知识内容后，下面将通过具体案例来巩固所学的知识。本实例运用到的命令有"打印"和"输出"命令等。

Step 01　打开"三居室开关布置图"素材文件。执行"文件"→"打印"命令，打开"打印 - 模型"对话框，在"打印机 / 绘图仪"选项组中单击"名称"下拉按钮，选择"DWG TO PDF.pc3"选项，如图 8-36 所示。

Step 02　单击"图纸尺寸"下拉列表，选择"ISO A3（420.00×297.00mm）"选项，如图 8-37 所示。

图 8-36　选择打印参数

图 8-37　选择图纸尺寸

Step 03 在"打印区域"选项组中,单击"打印范围"下拉按钮,选择"窗口"选项,如图 8-38 所示。

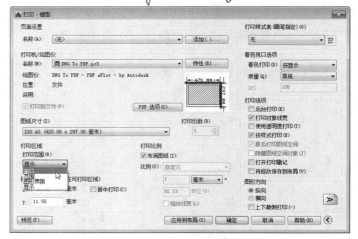

图 8-38　选择打印区域

Step 04 在绘图区中,框选打印范围,之后,系统自动打开"打印 - 模型"对话框,如图 8-39 所示。

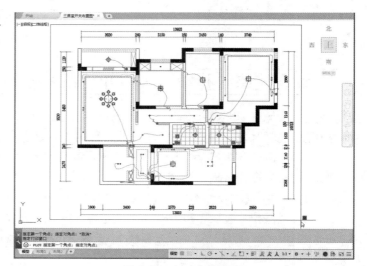

图 8-39　框选打印范围

Step 05 在"打印偏移"选项组中,勾选"居中打印"复选框,其后在"图形方向"选项组中,单击"横向"单选按钮,如图 8-40 所示。

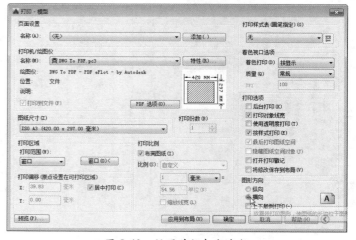

图 8-40　设置其他打印参数

Step 06 单击"预览"按钮,打开预览界面,在此用户可对图纸进行预览,如图 8-41所示。在该界面中,单击鼠标右键,选择"打印"选项即可打印该图纸。

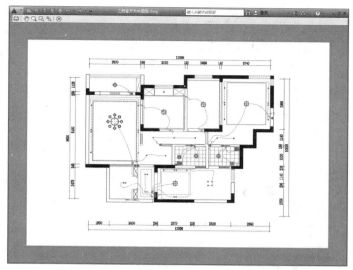

图 8-41　预览打印

Step 07 按 ESC 键,返回至对话框,单击"确定"按钮,在"浏览打印文件"对话框中,设置好保存路径及文件名,单击"保存"按钮即可,如图 8-42 所示。

图 8-42　保存 JPG 格式

Step 08 此时以 PDF 软件打开该图纸,如图 8-43 所示。

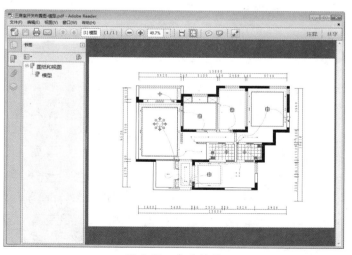

图 8-43　查看结果

为了让读者能够更好地掌握本章所学习到的知识，下面将列举两个操作题来对本章内容进行巩固。

1. 为车床电气图创建超链接

利用"超链接"命令，将车床电气图纸添加超链接，如图 8-44 所示。

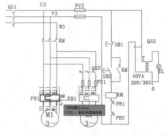

图 8-44　图形超链接

⚠ 操作提示：

Step 01 打开"车床电气图"素材文件，执行"插入"→"超链接"命令，选择图纸中"热电器件"符号，按回车键，打开"插入超链接"对话框。

Step 02 单击"文件"按钮，在"浏览 Web- 选择超链接"对话框中，选中链接到的图形，这里选择"热电器件"选项，单击"打开"按钮。

Step 03 返回到上一层对话框，单击"确定"按钮，完成超链接操作。

2. 将电机驱动电路图转换为 JPG 格式文件

利用"打印"功能，将"电机驱动电路图"以 JPG 文件形式打开，如图 8-45 所示。

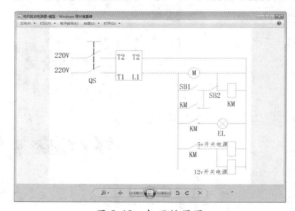

图 8-45　打开结果图

⚠ 操作提示：

Step 01 打开"电机驱动电路图"素材文件，执行"文件"→"打印"命令，打开"打印 - 模型"对话框，将"打印机 / 绘图仪"选项设为"PublishToWeb JPG.pc3"选项，并在打开的提示框中选择第一个选项。

Step 02 将"打印范围"设为"窗口"，并框选图纸范围，居中打印。

Step 03 单击"确定"按钮，在"浏览打印文件"对话框中，设置好保存路径及文件名，单击"保存"按钮即可完成操作。

第**9**章

绘制常用电气符号

本章将向读者介绍一些常用电气符号的绘制操作，包括常用电气符号、常用开关按钮及插座符号、无源器件符号以及半导体器件符号。要掌握好电气制图，就必须先要学习电气制图的标准，只有在此基础上才能绘制出标准的图形。

知识要点

▲ 绘制常用电气符号　　　　　　　　　▲ 绘制无源器件符号

▲ 绘制开关按钮及插座符号　　　　　　▲ 绘制半导体器件

9.1　绘制常用电气符号

下面将介绍一些常用电气符号的绘制方法，其中包括双绕组单相变压器、三相变压器以及整流器、电流互感器。

9.1.1　绘制双绕组单相变压器符号

两组绕有导线的线圈，彼此以电感方式结合在一起，这种形式是变压器最基本的形式。下面介绍双绕组单相变压器具体绘制步骤。

Step 01 执行"矩形"命令，绘制长 5mm、宽 4mm 的矩形，然后执行"分解"命令，将矩形进行分解，如图 9-1 所示。

Step 02 删除矩形上边线。执行"定数等分"命令，将矩形下边线等分成 4 份，并执行"直线"命令，绘制等分辅助线，如图 9-2 所示。

Step 03 执行"圆"→"两点 ⊙"命令，捕捉矩形左侧 4mm 的垂直线和第一条等分线的两个端点为圆的两个相切点，绘制直径为 1.25mm 的圆形，如图 9-3 所示。

Step 04 执行"复制"命令，以左侧象限点为复制基点，将圆形复制到其他等分线段中，如图 9-4 所示。

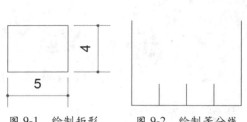

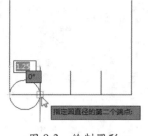

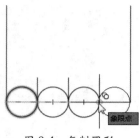

图 9-1 绘制矩形　　图 9-2 绘制等分线　　图 9-3 绘制圆形　　图 9-4 复制圆形

Step 05 执行"偏移"命令，将矩形下边线向下偏移 1.5mm，如图 9-5 所示。

Step 06 执行"修剪"命令，对圆形进行修剪，并删除多余的直线与等分线，如图 9-6 所示。

Step 07 执行"镜像"命令，将绘制的图形以偏移后的矩形边线为镜像线进行镜像操作，如图 9-7 所示。

Step 08 在"特性"面板中单击"线型"下拉按钮，选择"其他"选项，在打开的"线型管理器"对话框中，单击"加载"按钮，如图 9-8 所示。

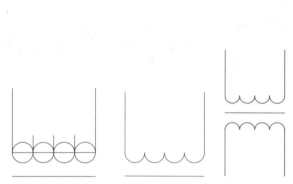

图 9-5 偏移下边线　　图 9-6 修剪图形 图 9-7 镜像图形　　图 9-8 单击"加载"按钮

Step 09 在"加载或重载线型"对话框中，选择所需加载的线型，这里选择"ACAD_IS004W100"选项，并单击"确定"按钮，如图 9-9 所示。

Step 10 返回到上一层对话框，选中加载后的线型，单击"确定"按钮，完成线型的加载操作，如图 9-10 所示。

图 9-9 加载线型　　　　　　　　图 9-10 单击"确定"按钮

Step 11 选中镜像中线，在"特性"面板的"线型"列表中，选中刚加载的线型。然后单击"特性"面板右侧按钮 ◄，打开"特性"面板，在此将"线型比例"设为 0.07，如图 9-11 所示。

Step 12 设置后，关闭该面板。此时被选中的直线线型已发生了变化，如图 9-12 所示。

图 9-11 设置"线型比例"

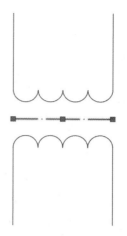

图 9-12 修改线型

Step 13 执行"创建块"命令，打开"块定义"对话框，单击"选择对象"按钮，在绘图区中框选该电气符号，按回车键，返回至对话框。单击"拾取点"按钮，指定符号拾取基点，指定完成后，再次返回至当前对话框，输入图块新名称，如图 9-13 所示。

Step 14 输入完成后，单击"确定"按钮，即可将当前图形创建为块，如图 9-14 所示。至此双绕组单相变压器符号绘制完毕。

图 9-13 创建成块

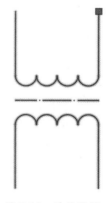

图 9-14 最终结果

9.1.2 绘制三相变压器符号

三相变压器是变压器的一种，它适用于交流 50Hz 至 60Hz、电压 660V 以下的电路中。下面介绍三相变压器具体绘制步骤。

Step 01 执行"直线"命令，绘制长 25mm 的垂直线。再次执行"直线"命令，在垂直线顶点向下 10mm 的位置处，绘制水平辅助线，如图 9-15 所示。

Step 02 执行"偏移"命令，将水平辅助线向下偏移 6mm，如图 9-16 所示。

Step 03 执行"圆"命令，捕捉第一条辅助线的端点为圆心，绘制半径为 4mm 的圆形，如图 9-17 所示。

Step 04 执行"复制"命令，以圆心为复制基点，将圆形复制到第二个端点处，如图 9-18 所示。

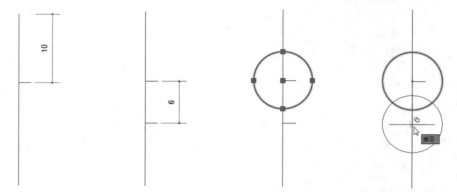

图 9-15　绘制直线　　图 9-16　偏移辅助线　　图 9-17　绘制圆形　　图 9-18　复制圆形

Step 05 执行"偏移"命令，将第一条辅助直线向上偏移 6mm。执行"直线"命令，启动"极轴追踪"命令，将增量角设为 30，以偏移后的辅助线起点为直线的起点，沿 30 度角捕捉虚线，绘制长 3mm 的斜线，如图 9-19 所示。

Step 06 执行"移动"命令，以斜线的中点为移动基点，将其移动至辅助线起点位置，如图 9-20 所示。

Step 07 执行"复制"命令，将斜线依次向上复制 1mm 和 2mm，如图 9-21 所示。

Step 08 继续执行"复制"命令，将第三条斜线依次向下复制 18mm、19mm 和 20mm，如图 9-22 所示。

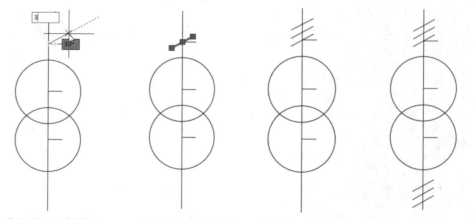

图 9-19　绘制斜线　　图 9-20　移动斜线　　图 9-21　复制斜线　　图 9-22　继续复制斜线

Step 09 删除多余辅助线。执行"修剪"命令，将圆形内的直线剪去，如图 9-23 所示。

Step 10 执行"直线"命令，并启动"极轴追踪"命令，将增量角设为 30，绘制星形符号图形，其尺寸如图 9-24 所示。

Step 11 继续执行"直线"命令，绘制边长为 2mm 的等边三角符号，并将其放置到圆合适位置，如图 9-25 所示。至此三相变压器绘制完毕。

Step 12 执行"创建块"命令，将该电气符号创建成块。

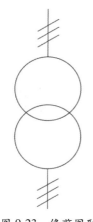
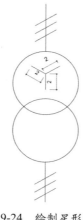

图 9-23　修剪图形　　　图 9-24　绘制星形符号　　　图 9-25　绘制三角符号

9.1.3　绘制整流器、电流互感器符号

整流器是一个整流装置，简单地说就是将交流（AC）转化为直流（DC）的装置，同时它又起到一个充电器的作用。下面将介绍整流器符号绘制方法。

Step 01 执行"矩形"命令，绘制边长为 8mm 的矩形，执行"直线"命令，绘制矩形的对角线，如图 9-26 所示。

Step 02 继续执行"直线"命令，捕捉矩形左右两条边线的中点，分别向外绘制两条长 4mm 的水平线，如图 9-27 所示。

Step 03 执行"样条曲线"命令，在矩形左上方中心位置绘制一条曲线符号，如图 9-28 所示。

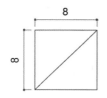
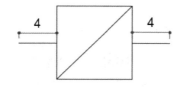
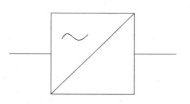

图 9-26　绘制矩形和直线　　　图 9-27　绘制水平线　　　图 9-28　绘制样条曲线

Step 04 执行"直线"命令，在矩形右下方中心位置，绘制长 2mm 的直线，如图 9-29 所示。至此，整流器符号绘制完毕。执行"创建块"命令，将该符号创建成块。

电流互感器符号绘制方法如下。

Step 01 执行"直线"命令，绘制一条长 8mm 的垂直线，执行"圆"命令，以直线中点为圆心，绘制半径为 2mm 的圆形，如图 9-30 所示。

Step 02 执行"直线"命令，捕捉圆形右侧象限点，绘制一条长 4mm 的水平线段，如图 9-31 所示。

Step 03 执行"直线"命令，并启动"极轴追踪"命令，将增量角设为 45，以圆形右侧象限点为起点，绘制长 2mm 的斜线，如图 9-32 所示。

Step 04 执行"移动"命令，以斜线中点为移动基点，将斜线移动至圆形右侧象限点上，继续执行"移动"命令，将斜线向右移动 1.5mm，如图 9-33 所示。

Step 05 执行"复制"命令，将斜线向右 1mm 进行复制，如图 9-34 所示。

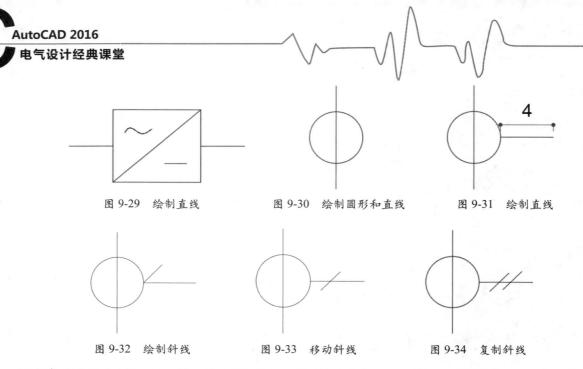

图 9-29　绘制直线　　　　图 9-30　绘制圆形和直线　　　　图 9-31　绘制直线

图 9-32　绘制斜线　　　　图 9-33　移动斜线　　　　图 9-34　复制斜线

Step 06 至此完成电流互感器符号的绘制。执行"创建块"命令，将该符号创建成块。

9.2　绘制开关按钮及插座符号

本小节将要介绍各种常用开关按钮及插座符号的绘制操作。其中包括常开按钮、常闭按钮、开关接触器、插座等。

9.2.1　绘制常开、常闭按钮符号

电气电路中的继电器一般设置有多个常开按钮和多个常闭按钮，用来控制用电设备的自动运行和停止。下面将介绍常开按钮符号的绘制方法。

Step 01 执行"直线"命令，绘制一条长 3mm 的直线，继续执行"直线"命令，并启动"极轴追踪"命令，将增量角设为 30，绘制一条长 4mm 的斜线，如图 9-35 所示。

Step 02 执行"直线"命令，在距离水平线段末端点 3mm 处，绘制一条长 3mm 的水平直线，如图 9-36 所示。

图 9-35　绘制直线和斜线　　　　　　图 9-36　绘制直线

Step 03 执行"直线"命令，以斜线中点为直线的起点，向上绘制 3mm 的垂直线，如图 9-37 所示。

Step 04 在"特性"面板中单击"线型"下拉按钮，加载"ACAD_IS002W100"线型，并将其颜色更改为红色，如图 9-38 所示。

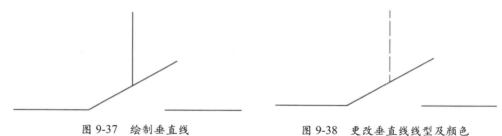

图 9-37　绘制垂直线　　　　　　图 9-38　更改垂直线线型及颜色

Step 05　执行"多段线"命令，绘制如图 9-39 所示的图形。

Step 06　执行"移动"命令，将该图形移至按钮符号满意位置，如图 9-40 所示。至此常开按钮符号绘制完毕。

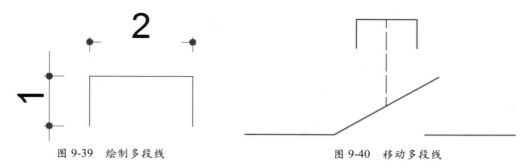

图 9-39　绘制多段线　　　　　　图 9-40　移动多段线

　　常闭按钮的绘制方法与常开按钮的方法相似，只需使用复制命令，将常闭按钮进行复制，并将其图形稍作修改即可。其具体操作如下。

Step 01　执行"复制"命令，复制"常开按钮"符号。执行"镜像"命令，将开关线段以水平线为镜像线，进行镜像操作，并删除源对象，如图 9-41 所示。

Step 02　执行"直线"命令，以右侧水平线段顶点为起点，向下绘制长 2.5mm 的垂直线，如图 9-42 所示。

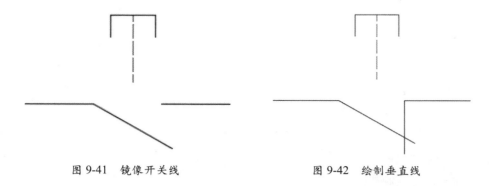

图 9-41　镜像开关线　　　　　　图 9-42　绘制垂直线

Step 03　执行"延伸"命令，根据命令行提示，选中斜线，按回车键，然后选中虚线，按回车键，即可将虚线延伸至斜线上，如图 9-43 所示。

Step 04　执行"移动"命令，将多段线向下移动 1mm。其后执行"修剪"命令，对虚线进行修剪。执行"创建块"命令，将常开和常闭按钮分别创建成块，如图 9-44 所示。

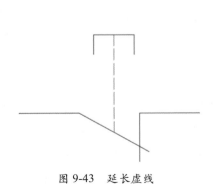

图 9-43　延长虚线

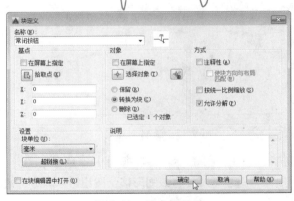

图 9-44　创建成块

9.2.2　绘制热继常开、热继常闭按钮符号

热继常开或常闭按钮通常是指在热继电器上的常开或常闭触点开关。常闭按钮是串联在接触器线圈上的，而常开按钮是作为报警信号用的。下面将介绍热继常开按钮的绘制方法。

Step 01 执行"复制"命令，复制"常开按钮"符号图形。执行"分解"命令，将其图形分解。然后删除虚线和多段线，删除结果如图 9-45 所示。

Step 02 执行"多段线"命令，绘制如图 9-46 所示的图形。至此热继常开按钮符号绘制完毕。

知识拓展

> 热继电器是用于电动机或其他电气设备、电气线路的过载保护的保护电器。热继电器作为电动机的过载保护元件，以其体积小、结构简单、成本低等优点在生产中得到广泛应用。

图 9-45　删除图形　　　　　　　　图 9-46　绘制多段线

热继常闭按钮的绘制方法如下。

Step 01 执行"复制"命令，复制"热继常开"按钮符号。执行"镜像"命令，将开关线段以水平直线为镜像线进行镜像操作，并删除源对象，如图 9-47 所示。

Step 02 执行"移动"命令，将多段线移至开关线下方合适位置，如图 9-48 所示。

Step 03 执行"直线"命令，以右侧直线顶点为起点，向下绘制长 2mm 的垂直线，如图 9-49 所示。

Step 04 执行"创建块"命令，将热继常开、热继常关按钮符号分别创建成块，如图 9-50 所示。至此热继常闭按钮绘制完毕。

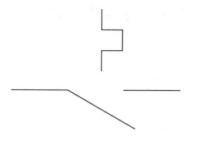

图 9-47　镜像图形

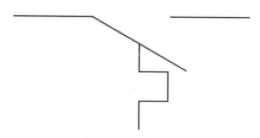

图 9-48　移动图形

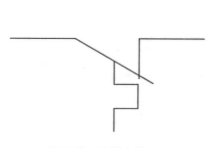

图 9-49　绘制直线

图 9-50　创建成块

9.2.3　绘制开关接触器符号

开关接触器分为常开触点、常闭触点以及滑动常开触点等模式。下面将介绍开关接触器符号的绘制操作。

Step 01 执行"直线"和"极轴追踪"命令，绘制开关线段，其尺寸如图 9-51 所示。

Step 02 执行"圆"→"两点"命令，捕捉右侧水平线的顶点为圆形左侧象限点，向右移动鼠标，并输入 1，按回车键，完成圆形的绘制操作，如图 9-52 所示。

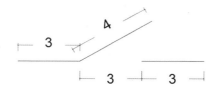

图 9-51　绘制直线和斜线

图 9-52　绘制圆形

Step 03 执行"修剪"命令，剪掉圆形的下半部分，如图 9-53 所示。至此接触器常开触点符号绘制完毕。

Step 04 执行"复制"命令，复制"常开触点"符号。执行"镜像"命令，将该符号以水平线段为镜像线进行镜像操作，并删除源对象，如图 9-54 所示。

Step 05 执行"直线"命令，以右侧线段的顶点为直线的起点，向下绘制 2.5mm 的垂直线，并与斜线相交，如图 9-55 所示。至此接触器常闭触点符号绘制完毕。

Step 06 复制常开触点符号,删除半圆形。执行"直线"命令,在右侧水平线段顶点处,向上绘制1mm的直线,如图 9-56 所示。

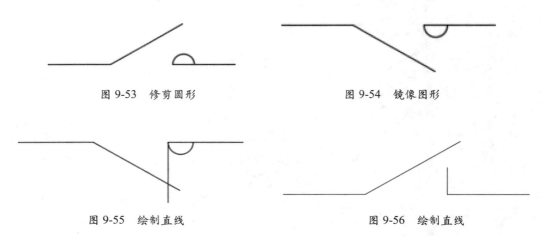

图 9-53 修剪圆形   图 9-54 镜像图形

图 9-55 绘制直线   图 9-56 绘制直线

Step 07 执行"直线"和"极轴追踪"命令,将增量角设为 15。以刚绘制的直线中点为起点,绘制一个等腰三角形,三角形的两条边为 0.8mm,如图 9-57 所示。

Step 08 选中三角形,在"特性"面板中单击"对象颜色"按钮,将三角形线型颜色设为红色,如图 9-58 所示。至此滑动常开触点符号绘制完毕。

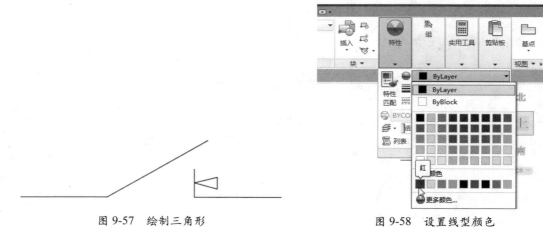

图 9-57 绘制三角形   图 9-58 设置线型颜色

Step 09 执行"创建块"命令,将绘制好的符号创建成块。

9.2.4 绘制插座符号

插座符号可分多种,下面将绘制几种常用的插座符号,其中包含单相插座、带接地插孔的单相插座、带接地插孔的三相插座以及单极开关的插座。

Step 01 执行"圆"命令,绘制半径为 2.5mm 的圆形。执行"直线"命令,捕捉圆形左右两侧象限点,绘制圆直径,如图 9-59 所示。

Step 02 执行"直线"命令,捕捉圆形上方象限点,并向上绘制长 3mm 的垂直线段,如图 9-60 所示。

Step 03 执行"偏移"命令，将圆直径向下偏移 0.5mm，如图 9-61 所示。

Step 04 执行"修剪"命令，修剪图形，再删除圆直径以及偏移的线段，如图 9-62 所示。至此单相插座符号绘制完毕。

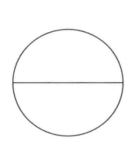

图 9-59 绘制圆形和圆直径

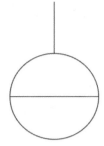

图 9-60 绘制直线

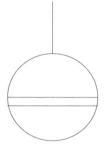

图 9-61 偏移圆直径

图 9-62 删除多余线段

Step 05 复制"单相插座"符号，执行"直线"命令，绘制一条长 5mm 的水平直线。然后执行"移动"命令，捕捉水平线的中点，将其移至垂直线端点处，如图 9-63 所示。至此带接地插孔的单相插座符号绘制完毕。

Step 06 复制"单相插座"符号，执行"直线"命令和"极轴追踪"命令，将增量角设为 60，以圆弧右侧端点为直线起点，沿着 60 度辅助虚线绘制长 5mm 的斜线，如图 9-64 所示。

> **绘图技巧**
>
> 临时追踪点与"捕捉自"的区别在于：临时对象追踪点，是在进行图像编辑前临时建立一个暂时的捕捉点，以供后面的绘图参考。而"捕捉自"，是在要编辑的地方没有捕捉点时，在图像中已有的捕捉点上偏移多少而建立一个点。"捕捉自"要输入指定的点，进行确认，而临时追踪点不需要确认，可以是任何点。

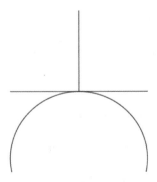

图 9-63 绘制水平线

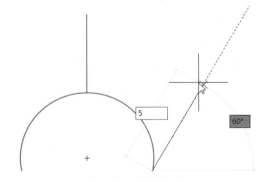

图 9-64 绘制斜线

Step 07 执行"镜像"命令，选中斜线，以该图形的垂直线段为镜像线，将斜线进行镜像（不删除源对象），如图 9-65 所示。

Step 08 执行"直线"命令，先捕捉垂直线段的末端点，然后将光标向左移动至斜线上，指定线段的起点位置，如图 9-66 所示。

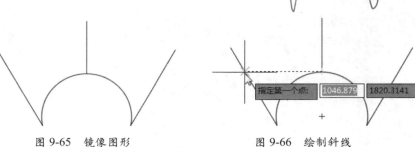

图 9-65　镜像图形　　　　　　　图 9-66　绘制斜线

Step 09 将光标向右移动，并沿着捕捉虚线，捕捉右侧斜线上的相交点，如图 9-67 所示。

Step 10 按回车键，完成直线段的绘制操作，如图 9-68 所示。至此带接地插孔的三相插座符号绘制完毕。

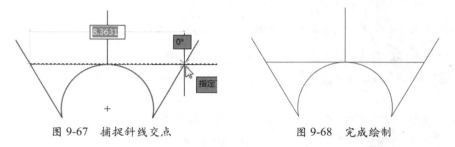

图 9-67　捕捉斜线交点　　　　　　图 9-68　完成绘制

Step 11 复制"单相插座"符号。执行"直线"命令，以垂直线顶点为起点，向左绘制长 5mm 的线段，如图 9-69 所示。

Step 12 执行"多段线"和"极轴追踪"命令，将增量角设为 60，以垂直线的末端点为起点，向右移动光标，并捕捉 60 度的辅助虚线，绘制长 3.4mm 的斜线，继续将光标向下移动，捕捉 90 度的辅助虚线，绘制长 2mm 的斜线，如图 9-70 所示。

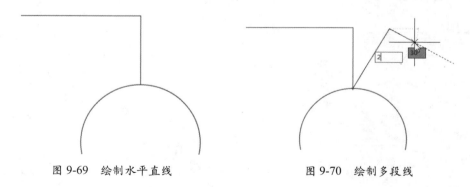

图 9-69　绘制水平直线　　　　　　图 9-70　绘制多段线

Step 13 按回车键，完成多段线的绘制。至此单极开关插座符号绘制完毕。执行"创建块"命令，将插座符号创建成块。

9.3　绘制无源器件符号

　　无源器件主要包括电阻、电容、电感器、转换器、渐变器、谐振器等器件。这些器件是微波射频器件中重要部分，其特点是，在电路中无须添加电源就可在有信号时进行工作。下面将介绍一些无源器件符号的绘制方法。

9.3.1　绘制电阻符号

电阻符号在电路中起着阻流作用，主要用于电路的降压、分压以及分流。下面将介绍几种常用电阻符号的绘制方法，其中涉及操作命令有"矩形""直线""定数等分""多段线"等。

Step 01 执行"矩形"命令，绘制长 100mm、宽 400mm 的矩形，如图 9-71 所示。

Step 02 执行"直线"命令，捕捉矩形左右两条边线的中点，分别向两边绘制长 200mm 的直线，如图 9-72 所示。至此一般电阻符号绘制完毕。

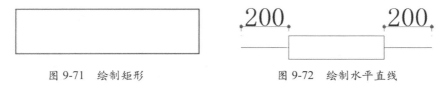

图 9-71　绘制矩形　　　　　　　　图 9-72　绘制水平直线

Step 03 复制"一般电阻"符号。执行"多段线"命令，捕捉右侧水平线的中点，向上移动鼠标绘制多段线，其尺寸可参考命令行的提示，如图 9-73 所示。

命令行提示如下。

```
PLINE
指定起点：                                          （捕捉右侧线段的中点）
当前线宽为 0.0000
指定下一个点或 [圆弧(A)/半宽(H)/长度(L)/放弃(U)/宽度(W)]：150    （向上移动光标，输入150）
指定下一点或 [圆弧(A)/闭合(C)/半宽(H)/长度(L)/放弃(U)/宽度(W)]：300 （向左移动光标，输入300）
指定下一点或 [圆弧(A)/闭合(C)/半宽(H)/长度(L)/放弃(U)/宽度(W)]：100    （向下移动光标，
输入100，回车）
指定下一点或 [圆弧(A)/闭合(C)/半宽(H)/长度(L)/放弃(U)/宽度(W)]：
```

Step 04 再次执行"多段线"命令，按照命令行中的提示信息，绘制箭头图形，如图 9-74 所示。

命令行提示如下。

```
命令：PL
PLINE
指定起点：                                          （指定多段线终点）
当前线宽为 0.0000
指定下一个点或 [圆弧(A)/半宽(H)/长度(L)/放弃(U)/宽度(W)]：w    （输入"W"，选择"宽度"选项）
指定起点宽度 <0.0000>：0                            （输入0，或按回车，设置起点宽度值）
指定端点宽度 <0.0000>：30                           （输入30，回车设置端点宽度值）
指定下一个点或 [圆弧(A)/半宽(H)/长度(L)/放弃(U)/宽度(W)]：（捕捉多段线中点，回车，完成绘制）
指定下一点或 [圆弧(A)/闭合(C)/半宽(H)/长度(L)/放弃(U)/宽度(W)]：
```

图 9-73　绘制多段线　　　　　　　　图 9-74　绘制箭头

Step 05 复制"电阻"符号图形。执行"分解"命令，将矩形进行分解操作。执行"定数等分"命令，选择矩形下边线，将其等分成 6 份，执行"直线"命令，绘制等分线，如图 9-75 所示。

Step 06 选中等分线，在"特性"面板中单击"对象颜色"下拉按钮，选择红色，如图 9-76 所示。

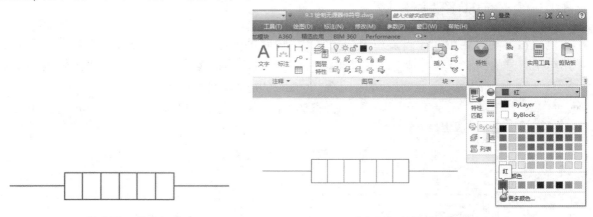

图 9-75　等分矩形　　　　　　　　　　　图 9-76　设置等分线颜色

Step 07 执行"多段线"和"极轴追踪"命令，将增量角设为 45。在电阻下方指定多段线起点，并沿着 45 度辅助虚线绘制箭头，其参数可参考命令行中的提示信息，如图 9-77 所示。

命令行提示如下。

```
命令：PL
PLINE
指定起点：                                    （指定电阻器左下方任意一点）
当前线宽为 0.0000
指定下一个点或 [圆弧(A)/半宽(H)/长度(L)/放弃(U)/宽度(W)]：（向上移动光标，沿着虚线指定电阻
器右上方一点）
指定下一点或 [圆弧(A)/闭合(C)/半宽(H)/长度(L)/放弃(U)/宽度(W)]：w          （输入"W"，选
择"宽度"选项）
指定起点宽度 <0.0000>：30                      （输入起点宽度30，回车）
指定端点宽度 <30.0000>：0                       （输入端点宽度0，或者直接回车）
指定下一点或 [圆弧(A)/闭合(C)/半宽(H)/长度(L)/放弃(U)/宽度(W)]：100（输入箭头长度值，回
车，完成操作）
指定下一点或 [圆弧(A)/闭合(C)/半宽(H)/长度(L)/放弃(U)/宽度(W)]：
```

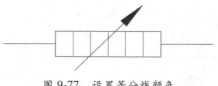

图 9-77　设置等分线颜色

Step 08 至此，电阻符号绘制完毕。执行"创建块"命令，将电阻符号创建成块。

9.3.2　绘制电容符号

电容是电路中常用的元器件之一，它是一种存储电能的元器件。电容在电路中起到阻

止直流通过，而允许交流通过的作用。交流的频率越高，则通过的能力越强。下面介绍可调可变电容符号和带极性电容符号的绘制方法。其中涉及的命令有"偏移""旋转""多段线"等。

Step 01 执行"直线"命令，绘制长 200mm 和长 60mm 的两条垂直线，如图 9-78 所示。

Step 02 执行"偏移"命令，将水平直线向下偏移 50mm，如图 9-79 所示。

图 9-78　绘制两条垂直线　　　　　　图 9-79　偏移线段

Step 03 执行"直线"命令，以偏移线段的中点为起点，向下绘制 60mm 垂直线段，如图 9-80 所示。至此完成一般电容符号的绘制。

Step 04 复制绘制好的电容符号。执行"多段线"命令，绘制一条带箭头的多段线，其参数可参考命令行提示，如图 9-81 所示。

命令行提示如下。

```
命令: PL
PLINE
指定起点:                                        (指定任意点为起点)
当前线宽为 0.0000
指定下一个点或 [圆弧(A)/半宽(H)/长度(L)/放弃(U)/宽度(W)]: 200    (输入多段线长度值，回车)
指定下一点或 [圆弧(A)/闭合(C)/半宽(H)/长度(L)/放弃(U)/宽度(W)]: w          (输入"W"，选
择"宽度"，回车)
指定起点宽度 <0.0000>: 30                         (设置起点宽度30，回车)
指定端点宽度 <30.0000>: 0                         (设置端点宽度，回车)
指定下一点或 [圆弧(A)/闭合(C)/半宽(H)/长度(L)/放弃(U)/宽度(W)]: 80(输入箭头长度值，回
车，完成操作)
指定下一点或 [圆弧(A)/闭合(C)/半宽(H)/长度(L)/放弃(U)/宽度(W)]:
```

Step 05 执行"旋转"命令，选中绘制好的箭头，按回车键，指定箭头中点为旋转基点，将其旋转 45 度。执行"移动"命令，将旋转后的箭头移至电容符号合适位置，如图 9-82 所示。至此可调可变电容符号绘制完毕。

Step 06 复制电容符号，执行"直线"命令，绘制两条 30mm 的直线段，并将其相互垂直。执行"移动"命令，将垂直的两条线段移动至电容符号左上方合适位置，如图 9-83 所示。

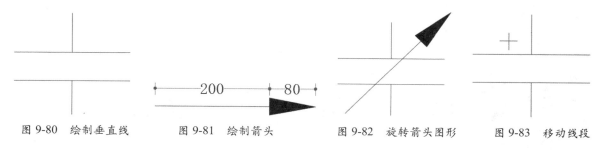

图 9-80　绘制垂直线　　图 9-81　绘制箭头　　图 9-82　旋转箭头图形　　图 9-83　移动线段

Step 07 选中电容符号，在"特性"面板中单击"对象颜色"下拉按钮，选择红色，如图 9-84 所示。至此带极性电容符号绘制完毕。执行"创建块"命令，将电容创建成块，如图 9-85 所示。

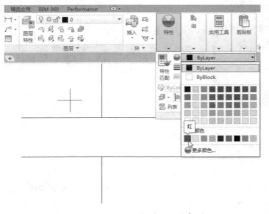

图 9-84 设置电容线型颜色

图 9-85 创建成块

9.3.3 绘制电感器符号

电感器与电容一样，也是一种储能元器件。电感器具有阻止交流电通过而让直流电顺利通过的特性，频率越高，线圈阻抗越大。而电感器在电路中最常见的作用就是与电容一起，组成 LC 滤波电路。下面将介绍两种绘制电感器符号的方式。

Step 01 执行"矩形"命令，绘制长 200mm、宽 100mm 的矩形。执行"分解"命令，将矩形进行分解，如图 9-86 所示。

Step 02 执行"偏移"命令，将矩形左、右两边线向内各偏移 30mm，如图 9-87 所示。

Step 03 执行"直线"命令，捕捉两条偏移后的边线中点，绘制直线。执行"定数等分"命令，将该线段等分成 4 份，并绘制等分线，如图 9-88 所示。

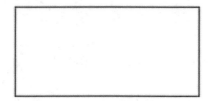

图 9-86 绘制并分解矩形

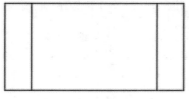

图 9-87 偏移矩形边线

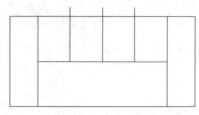

图 9-88 等分线段

Step 04 执行"圆"→"两点"命令，捕捉左侧偏移线的端点和第一条等分线的交点，绘制圆形，如图 9-89 所示。

Step 05 执行"复制"命令，以圆形左侧象限点为复制基点，将圆形复制到其他等分线段中，如图 9-90 所示。

Step 06 执行"修剪"命令，对图形进行修剪操作，并删除多余的线段，如图 9-91 所示。

Step 07 执行"镜像"命令，将修剪后的圆弧图形以矩形两侧中点的连接线为镜像线，进行镜像操作，如图 9-92 所示。

Step 08 执行"修剪"命令，对镜像后的图形进行修剪操作，如图 9-93 所示。

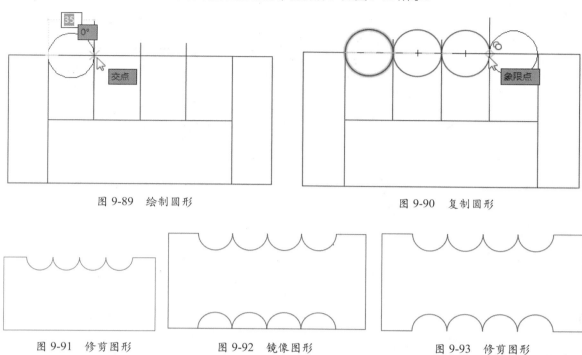

图 9-89　绘制圆形　　　　　　　　　　　　　图 9-90　复制圆形

图 9-91　修剪图形　　　　图 9-92　镜像图形　　　　图 9-93　修剪图形

Step 09 删除矩形左侧边线。执行"多段线"命令，绘制箭头，其参数可参考命令行的提示。绘制完成后，执行"旋转"命令，将箭头旋转 45 度，结果如图 9-94 所示。至此电感器符号绘制完毕。

命令行提示如下。

```
命令：PL
PLINE
指定起点：                                       （指定任意点为起点）
当前线宽为 0.0000
指定下一个点或 [圆弧(A)/半宽(H)/长度(L)/放弃(U)/宽度(W)]：200（输入多段线长度值，回车）
指定下一点或 [圆弧(A)/闭合(C)/半宽(H)/长度(L)/放弃(U)/宽度(W)]：w（输入"W"，选择"宽度"，回车）
指定起点宽度 <0.0000>：30                        （设置起点宽度30，回车）
指定端点宽度 <30.0000>：0                         （设置端点宽度，回车）
指定下一点或 [圆弧(A)/闭合(C)/半宽(H)/长度(L)/放弃(U)/宽度(W)]：100（输入箭头长度值，回车，完成操作）
指定下一点或 [圆弧(A)/闭合(C)/半宽(H)/长度(L)/放弃(U)/宽度(W)]：
```

Step 10 执行"圆"命令，绘制半径为 25mm 的圆，并执行"复制"命令，将其向右复制 4 个圆，如图 9-95 所示。

Step 11 执行"直线"命令，捕捉第一个圆左侧象限点和第四个圆的右侧象限点，并向下绘制长 100mm 的两条垂直线，如图 9-96 所示。

Step 12 执行"直线"命令，捕捉两条垂直线的起点，绘制水平线，如图 9-97 所示。

图 9-94　绘制箭头

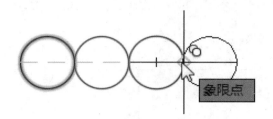

图 9-95　绘制并复制圆形

图 9-96　绘制垂直线

图 9-97　绘制水平线

Step 13 执行"修剪"命令，将圆形进行修剪，并删除水平线，如图 9-98 所示。至此绕组线圈电感器符号绘制完毕。执行"创建块"命令，将电感器符号创建成块，如图 9-99 所示。

知识拓展

电感器一般由骨架、绕组、屏蔽罩、封装材料、磁芯或铁芯等组成。其中骨架泛指绕制线圈的支架；绕组是指具有规定功能的一组线圈，它是电感器的基本组成部分；屏蔽罩是为避免有些电感器在工作时产生的磁场影响其他电路及元器件正常工作；封装材料是将电感器绕制好后，用封装材料将线圈和磁芯等密封起来；磁芯采用镍锌铁氧体（NX 系列）或锰锌铁氧体（MX 系列）等材料，它有"工"字形、柱形、帽形、"E"形、罐形等多种形状；而铁芯材料主要有硅钢片、坡莫合金等，其外形多为"E"形。

图 9-98　修剪图形

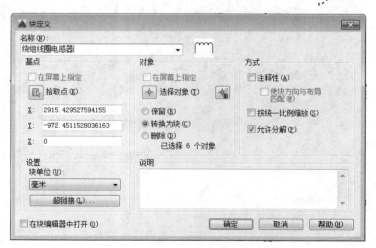

图 9-99　创建成块

9.4　绘制半导体器件

　　半导体器件的导电性是在良性导电体与绝缘体之间，在电路中可用来产生、控制、接收、变换、放大信号以及能量转换。半导体可分为晶体二极管、双极型晶体管以及场效应晶体管这三种类型。下面将绘制两种常见的半导体器件符号。

9.4.1　绘制二极管符号

　　二极管是一种能够单向传导电流的电子器件，其功能就是只允许电流由单一方向通过，反向时阻断。它具有整流电路、检波电路、稳压电路以及调制电路的作用。接下来将介绍二极管符号的绘制方法，在绘制过程中，涉及的命令有"直线""极轴追踪""多段线""旋转"等。

Step 01 执行"直线"命令，绘制长 120mm 的水平线和长 50mm 的垂直线，并将其相交，如图 9-100 所示。

Step 02 执行"直线"命令，并启动"极轴追踪"命令，将增量角设为 30 度，以垂直交点为起点，向左上方移动光标，并沿着 150 度辅助虚线绘制长 40mm 的斜线，如图 9-101 所示。

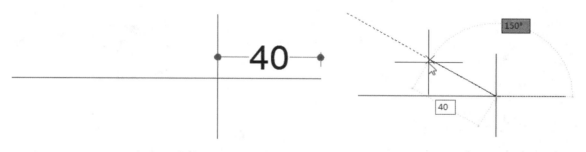

图 9-100　绘制直线　　　　　　　　　　　图 9-101　绘制斜线

Step 03 继续向下移动光标，并沿着 90 度的辅助虚线绘制长 40mm 的垂直线，如图 9-102 所示。

Step 04 继续向右上方移动光标，捕捉垂直点，按回车键，完成等边三角形的绘制操作，如图 9-103 所示。至此二极管符号绘制完毕。

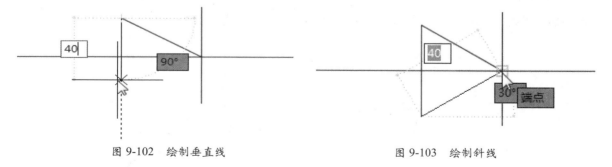

图 9-102　绘制垂直线　　　　　　　　　　图 9-103　绘制斜线

Step 05 复制二极管符号。执行"多段线"命令，绘制箭头符号，其数值可参考命令行的提示。然后执行"旋转"命令，将箭头进行旋转操作，旋转角度为 45 度，如图 9-104 所示。

　　命令行提示如下。

```
命令: PL
PLINE
指定起点:                                              (指定任意点为起点)
当前线宽为 0
指定下一个点或 [圆弧(A)/半宽(H)/长度(L)/放弃(U)/宽度(W)]: 30   (输入多段线长度值, 回车)
指定下一点或  [圆弧(A)/闭合(C)/半宽(H)/长度(L)/放弃(U)/宽度(W)]: w(输入"W", 选择"宽
度", 回车)
指定起点宽度 <0>: 10                                    (设置起点宽度10, 回车)
指定端点宽度 <10>: 0                                    (设置端点宽度, 回车)
指定下一点或  [圆弧(A)/闭合(C)/半宽(H)/长度(L)/放弃(U)/宽度(W)]: 30(输入箭头长度值, 回
车, 完成操作)
指定下一点或  [圆弧(A)/闭合(C)/半宽(H)/长度(L)/放弃(U)/宽度(W)]:
```

Step 06 执行"复制"命令, 将绘制好的箭头进行复制操作, 如图 9-105 所示。至此发光二极管符号绘制完毕。执行"创建块"命令, 将二极管符号创建成块。

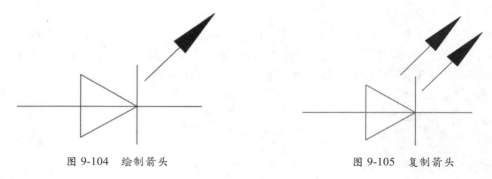

图 9-104　绘制箭头　　　　　　　　　　　图 9-105　复制箭头

9.4.2　绘制三极管符号

三极管具有电流放大作用, 其实质是以基极电流微小的变化量来控制电极、电流较大的变化量, 这是三极管最基本和最重要的特性。三极管可分为 PNP 和 NPN 两种表现形式, 下面将以 NPN 形三极管为例, 来介绍其绘制操作。其中涉及的操作命令有"圆""镜像""多段线"等。

Step 01 执行"圆"命令, 绘制半径为50mm的圆形。执行"直线"命令, 捕捉圆形两个象限点, 绘制圆直径, 如图 9-106 所示。

Step 02 执行"直线"命令, 距离圆心 10mm 处, 绘制长 75mm 直线, 如图 9-107 所示。

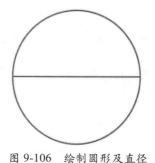 

图 9-106　绘制圆形及直径　　　　　　　　图 9-107　绘制直线

Step 03 捕捉线段 75mm 直线的中心, 向下绘制一条长 75mm 的垂直线。删除直径线段, 如图 9-108 所示。

Step 04 执行"直线"命令，以水平直线的中点为捕捉基点，向右移动光标，并输入 15，作为线段起点，如图 9-109 所示。

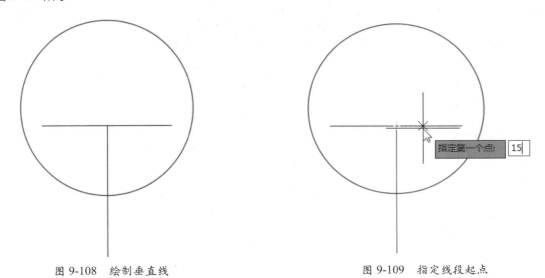

图 9-108　绘制垂直线　　　　　　　　　　　图 9-109　指定线段起点

Step 05 启动"极轴追踪"，将增量角设为 60 度。向上移动光标，并沿着 60 度角的辅助虚线，绘制 75mm 的斜线，如图 9-110 所示。

Step 06 执行"镜像"命令，以垂直线为镜像线，将斜线进行镜像操作，如图 9-111 所示。

Step 07 执行"多段线"命令，以左侧斜线与圆形的交点为箭头的起点，绘制箭头，其参数可参考命令行提示，如图 9-112 所示。

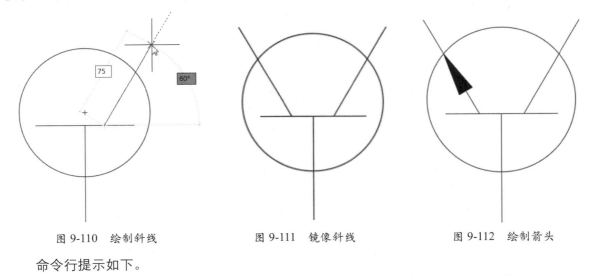

图 9-110　绘制斜线　　　　　　图 9-111　镜像斜线　　　　　　图 9-112　绘制箭头

命令行提示如下。

```
命令：PL
PLINE
指定起点：                                          （捕捉左侧斜线与圆的交点）
当前线宽为 0
指定下一个点或 [圆弧(A)/半宽(H)/长度(L)/放弃(U)/宽度(W)]：w（输入"W"，选择"宽度"，回车）
```

指定起点宽度 <0>: 0 　　　　　　　　　　　　　　　　　（设置起点宽度0，回车）
指定端点宽度 <0>: 10 　　　　　　　　　　　　　　　　　（设置端点宽度10，回车）
指定下一个点或 [圆弧(A)/半宽(H)/长度(L)/放弃(U)/宽度(W)]: 30 　　　（输入箭头长度值30，回车，完成操作）
指定下一点或 [圆弧(A)/闭合(C)/半宽(H)/长度(L)/放弃(U)/宽度(W)]:

Step 08 至此三极管符号绘制完毕。执行"创建块"命令，将其创建成块，如图9-113所示。

图 9-113　创建成块

第10章

绘制机械设备电气控制图

　　机械电气也可以称之为机床电气。因为在机械加工过程中，许多机械零件都需要在机床上配合多种机械运动加工完成，往往这些机械运动都是利用电气系统对电动机的控制来实现的。由此可见，电气控制系统在机械电路中起着举足轻重的作用。本章将以案例的形式向读者介绍一些机械电气图的绘制方法与技巧。

知识要点

▲ 绘制普通车床电气系统图　　　　　▲ 绘制钻床电气图

10.1 绘制普通车床电气系统图

　　通常车床电气图是由主电路、控制电路以及照明电路这三大部分组成的。其中从电源到电动机的电路为主电路；由继电器等组成的电路为控制电路；变压器和照明灯组成的电路为照明电路。下面将以 C616 车床电气控制系统图为例，来介绍电气图具体的绘制方法。

10.1.1 设置绘图环境

　　通常在绘图前，需要对绘图环境进行一系列的设置，例如绘图单位、图形界限以及图层设置等。

Step 01 启动 AutoCAD 软件，新建空白文件。执行"格式"→"单位"命令，打开"图形单位"对话框，将精度设为 0.0；将用于缩放插入内容的单位设为毫米，如图 10-1 所示。

Step 02 单击"确定"按钮，完成图形单位的设置。执行"格式"→"图形界限"命令，根据命令行提示，将其图形界限设为 420×297。

　　命令行提示如下。

```
命令: '_limits
重新设置模型空间界限:
```

指定左下角点或 [开(ON)/关(OFF)] <0,0>: （输入0，0回车，或直接按回车键）
指定右上角点 <420,297>: （输入图限大小，这里为默认，直接按回车键）

Step 03 在"图层"面板中单击"图层特性"按钮，打开"图层特性管理器"面板，新建"电气元件"和"线路"图层。双击"电气元件"图层，将其设为当前层，如图 10-2 所示。

绘图技巧

在电气制图中，图层建立都是根据绘图习惯来设置的，以便在之后的绘图中方便管理。所以没有明确的图层创建标准。

图 10-1 设置图形单位

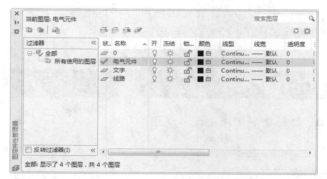

图 10-2 新建并设置图层

10.1.2 绘制各电气元件

在绘制车床电气图时，需要先绘制电气中各主要电气元件，例如电阻、电动机、开关、热继电器、信号灯以及变压器等。

Step 01 执行"矩形"命令，绘制长 37.5mm、宽 7.5mm 的矩形，并执行"直线"和"偏移"命令，绘制三条长 22.5mm 的垂直线，并与矩形相交，其尺寸如图 10-3 所示。

Step 02 执行"多段线"命令，在矩形中间的垂直线上，绘制如图 10-4 所示的图形，其尺寸可参考命令行提示。

命令行提示如下。

```
命令：PL
PLINE
指定起点： （指定矩形下边线与中间垂直线的交点）
当前线宽为 0.0
指定下一个点或 [圆弧(A)/半宽(H)/长度(L)/放弃(U)/宽度(W)]: 2.25 （向上移动光标，
输入2.25，回车）
指定下一点或 [圆弧(A)/闭合(C)/半宽(H)/长度(L)/放弃(U)/宽度(W)]: 3 （向左移动光标，
输入3，回车）
```

指定下一点或 [圆弧(A)/闭合(C)/半宽(H)/长度(L)/放弃(U)/宽度(W)]: 3	（向上移动光标，输入3，回车）
指定下一点或 [圆弧(A)/闭合(C)/半宽(H)/长度(L)/放弃(U)/宽度(W)]: 3	（向右移动光标，输入3，回车）
指定下一点或 [圆弧(A)/闭合(C)/半宽(H)/长度(L)/放弃(U)/宽度(W)]: 2.25	（向上移动光标，输入2.25，回车）
指定下一点或 [圆弧(A)/闭合(C)/半宽(H)/长度(L)/放弃(U)/宽度(W)]:	

Step 03 执行"修剪"命令，修剪图形，完成热继电器符号的绘制，如图 10-5 所示。

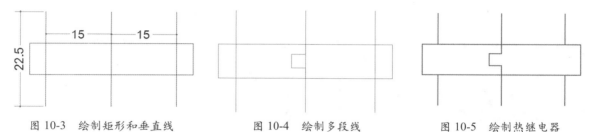

图 10-3　绘制矩形和垂直线　　　图 10-4　绘制多段线　　　图 10-5　绘制热继电器

Step 04 在热继电器正下方位置，执行"圆"命令，绘制半径为 16mm 的圆，执行"直线"命令，捕捉圆形左侧象限点，绘制长 12mm 的两条垂直相交线，如图 10-6 所示。

Step 05 执行"直线"和"极轴追踪"命令，将增量角设为 30，绘制接地符号，其尺寸如图 10-7 所示。

Step 06 执行"延伸"命令，将热继电器中的垂直线延伸至圆形轮廓上，如图 10-8 所示。

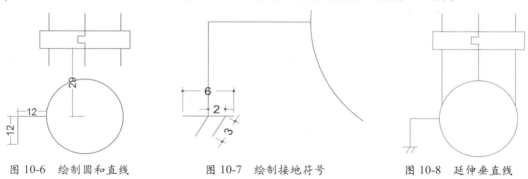

图 10-6　绘制圆和直线　　　图 10-7　绘制接地符号　　　图 10-8　延伸垂直线

Step 07 执行"单行文字"命令，根据命令行提示，在圆形内指定文字的起始点，将文字高度设为 8，旋转角度为 0，输入文字内容，如图 10-9 所示。

Step 08 执行"样条曲线"命令，绘制一条曲线，并将图形放置到合适位置，完成电动机符号的绘制，如图 10-10 所示。

Step 09 执行"直线""圆"和"修剪"命令，绘制触点开关，具体绘制方法在前面章节中已详细介绍过，在此将不再赘述，如图 10-11 所示。

Step 10 执行"多段线"和"直线"命令，绘制限流保护开关符号，如图 10-12 所示。

Step 11 执行"圆""直线""修剪""多段线"以及"镜像"命令，绘制变压器符号，如图 10-13 所示。

Step 12 执行"直线""极轴追踪"和"复制"命令，绘制多极开关符号，如图 10-14 所示。

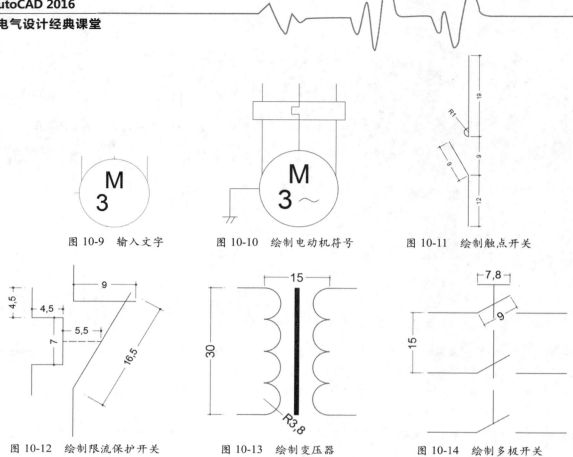

图 10-9　输入文字　　　　图 10-10　绘制电动机符号　　　　图 10-11　绘制触点开关

图 10-12　绘制限流保护开关　　　　图 10-13　绘制变压器　　　　图 10-14　绘制多极开关

Step 13 再次执行"直线""矩形""圆""旋转"等命令，绘制信号灯、熔断器以及其他开关符号，如图 10-15 所示。执行"创建块"命令，将所有电气元件符号创建成块。

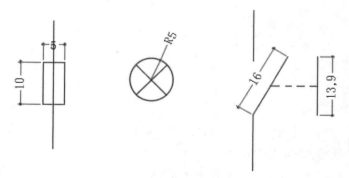

图 10-15　其他电气元件符号

10.1.3　绘制线路组合元件

　　电气元件绘制好后，接下来需要利用线路将这些电气元件组合起来，使图纸具有完整性。其具体操作步骤如下。

Step 01 在"图层"面板中单击"图层"下拉按钮，在打开的图层列表中单击"线路"图层，将其设为当前层，如图 10-16 所示。

图 10-16　设置当前层

Step 02　执行"直线"命令，绘制一条长 425mm 的水平直线。执行"偏移"命令，将该水平直线依次向下偏移 15mm 和 15mm，如图 10-17 所示。

Step 03　执行"直线"命令，以捕捉第一条直线段的左侧端点为起点，向下绘制一条长 60mm 的垂直线，如图 10-18 所示。

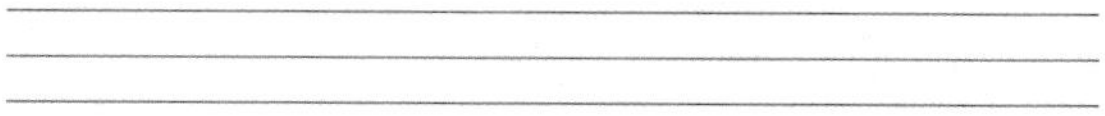

图 10-17　绘制并偏移直线 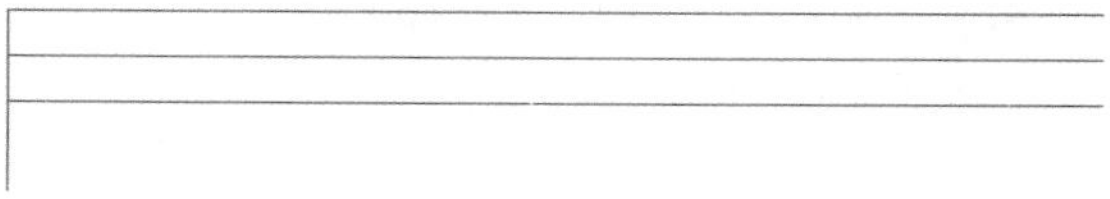　　　　　　图 10-18　绘制垂直线

Step 04　执行"偏移"命令，将垂直线依次向右偏移 5mm、15mm、15mm、110mm、15mm、15mm、95mm、70mm、45mm、15mm 和 25mm，如图 10-19 所示。

Step 05　执行"修剪"命令，将偏移后的线段进行修剪，如图 10-20 所示。

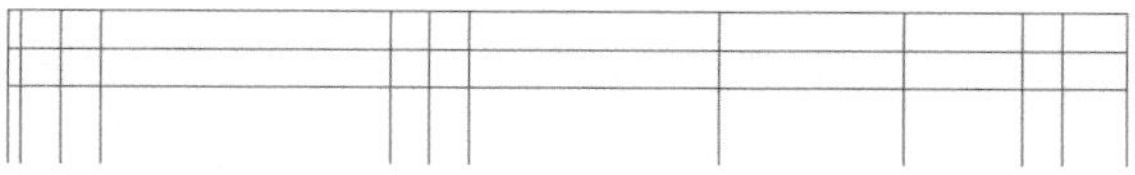

图 10-19　偏移垂直线 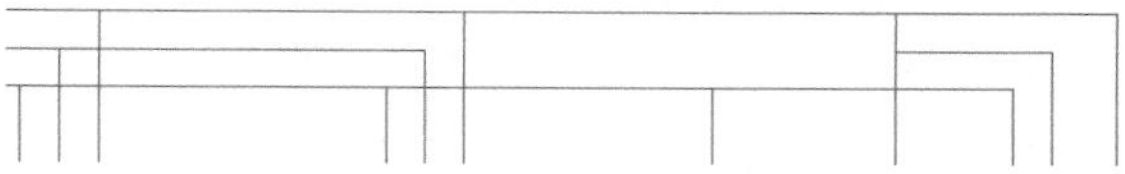　　　　　　　图 10-20　修剪图形

Step 06　执行"偏移"命令，将最下面的水平直线依次向下偏移 40mm、12mm、12mm、45mm、15mm 和 15mm，如图 10-21 所示。

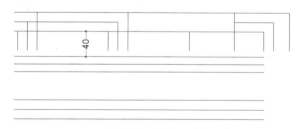

图 10-21　偏移线段

Step 07　选中第一条垂直线，并单击该线段末尾夹点，当该夹点呈红色状态时，在打开的快捷列表中选择"拉伸"选项，如图 10-22 所示，然后向下移动光标，并输入 160，按回车键，完成线段拉伸操作，如图 10-23 所示。

Step 08　按照同样的方法，将第 2~6 条垂直线段向下拉伸 160mm，如图 10-24 所示。

Step 09　执行"偏移"命令，将第四条直线依次向右偏移 25mm、15mm 和 15mm，如图 10-25 所示。

Step 10　执行"修剪"命令，将偏移后的线段进行修剪，如图 10-26 所示。

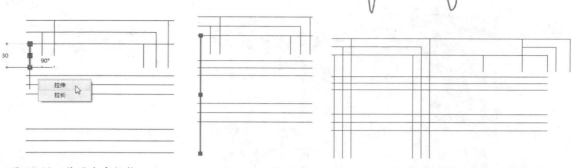

图 10-22　使用夹点拉伸线段　　　图 10-23　拉伸结果　　　图 10-24　拉伸其他垂直线

知识拓展

　　车床是一种应用极为广泛的金属切削机床，它主要用来车削外圆、内圆、端面、螺纹和定型表面，并可用钻头、铰刀、镗刀进行加工。

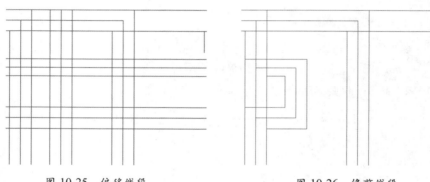

图 10-25　偏移线段　　　　　　　图 10-26　修剪线段

Step 11 执行"偏移"命令，再次将第三条水平直线依次向下偏移 106mm、12mm 和 12mm，如图 10-27 所示。

Step 12 再次执行"偏移"命令，将第六条垂直线向右偏移 25mm、15mm 和 15mm，如图 10-28 所示。

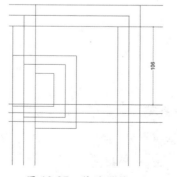
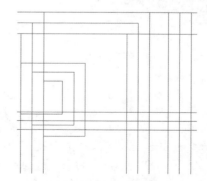

图 10-27　偏移线段　　　　　　　图 10-28　再次偏移线段

Step 13 执行"修剪"命令，将偏移后的直线进行修剪，如图 10-29 所示。

Step 14 将绘制好的多极开关、熔断器、触点开关以及电动机符号放置到线路中，如图 10-30 所示。

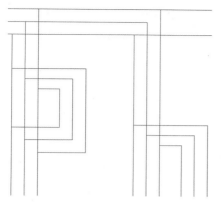

图 10-29　修剪线段

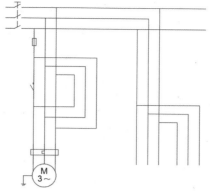

图 10-30　添加电气元件

Step 15 执行"复制"命令，复制相应的元件至其他线路上，如图 10-31 所示。

Step 16 执行"断开"命令，对线路进行调整，如图 10-32 所示。

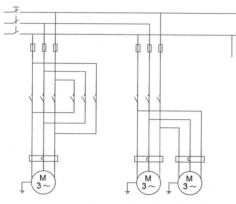

图 10-31　复制电气元件

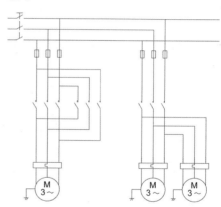

图 10-32　调整线路

Step 17 执行"圆"命令，绘制半径为 1mm 的圆形。执行"图案填充"命令，将填充图案设为"SOLID"图案样式，填充圆形。执行"移动"命令，将填充后的圆形移至线路接点上，作为线路连接点，如图 10-33 所示。

Step 18 执行"复制"命令，将连接点复制到其他线路接点上，如图 10-34 所示。

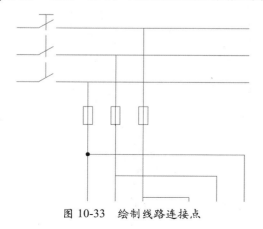

图 10-33　绘制线路连接点

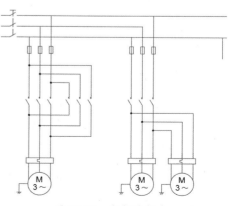

图 10-34　复制连接点

Step 19 将变压器移动至电路图中，并执行"修剪"命令，将电路进行修剪，如图 10-35 所示。

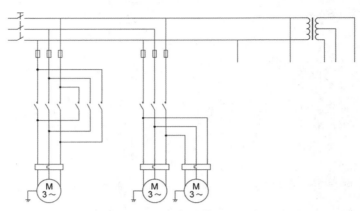

图 10-35　添加变压器元件至电路中

Step 20 执行"偏移"命令，将第三条水平线依次向下偏移 50mm、30mm、74mm 和 26mm，如图 10-36 所示。

Step 21 执行"延伸"命令，将第七、第八条垂直线向下延伸至最后一条偏移线段上，如图 10-37 所示。

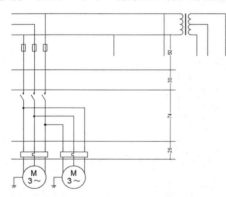 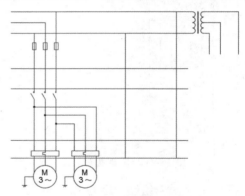

图 10-36　偏移图形　　　　　　　　　　　图 10-37　延伸图形

Step 22 执行"修剪"命令，将图形进行修剪操作，如图 10-38 所示。

Step 23 执行"偏移"命令，将第七条垂直线向右依次偏移 15mm、15mm 和 20mm，如图 10-39 所示。

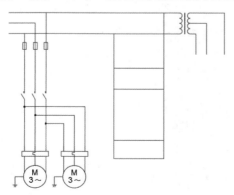 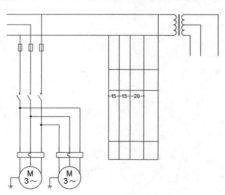

图 10-38　修剪图形　　　　　　　　　　　图 10-39　偏移线段

Step 24 将限流保护开关、电阻、触点开关等元件复制到该线路中，如图 10-40 所示。

Step 25 执行"修剪"命令，对线路进行修剪操作，如图 10-41 所示。

Step 26 利用"直线""偏移""修剪"和"复制"命令，完成照明电路的绘制操作。至此所有电路及电气元件组合绘制完毕，如图 10-42 所示。

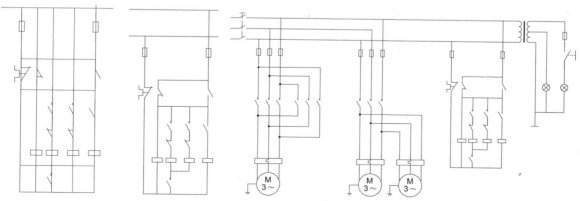

图 10-40　添加电气元件 图 10-41　修剪线路　　　　　图 10-42　完成线路及电气元件的添加

10.1.4　添加文字注释

文字注释在电路图中是不可或缺的一部分。它能够明确地表达出图纸中一些几何图形所表达的信息，从而使安装人员在安装时能够准确无误地进行安装操作。

Step 01 执行"图层特性"命令，双击"文字"图层，将其设为当前层，如图 10-43 所示。

Step 02 执行"单行文字"命令，在图纸中指定文字起始点，然后按照命令行提示，将文字高度设为 6，旋转角度设为 0，输入文字内容，如图 10-44 所示。

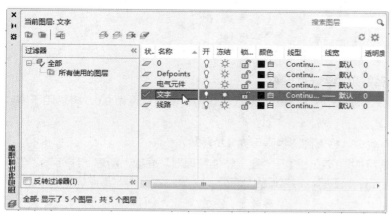

图 10-43　设置"文字"层为当前层

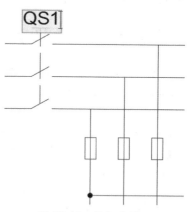

图 10-44　输入文字

Step 03 按 Ctrl+Enter 键，完成输入操作。执行"复制"命令，将该文字复制到其他需要注释的位置。双击复制后的文字，在文字编辑器中输入新文字，按 Ctrl+Enter 键，完成更改操作，如图 10-45 所示。至此 C616 车床电气控制系统图绘制完毕。

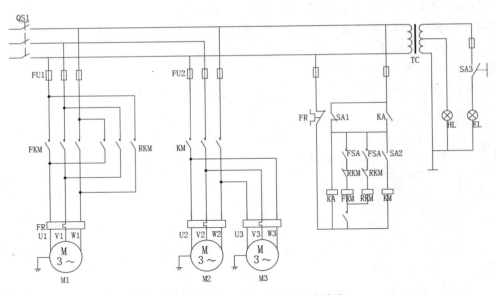

图 10-45　C616 车床电气控制系统图

10.2 绘制钻床电气图

钻床用来对工件进行钻孔、扩孔、绞丝、锪平面和攻螺纹等加工，在有工装的条件下还可以进行镗孔。钻床的种类有很多，主要有台式钻床、立式钻床、摇臂钻床和专用钻床等。下面将以钻床为例，来介绍钻床电气图的绘制操作。

10.2.1 设置绘图环境

在绘制图形前，需要对当前的绘图环境进行设置。

Step 01 执行"格式"→"单位"命令，打开"图形单位"对话框，将"精度"设为 0.0，将"用于缩放插入内容的单位"设为"毫米"。

Step 02 执行"格式"→"图形界限"命令，将其图形界限设为 420×297。

Step 03 在"图层"面板中单击"图层特性"按钮，打开"图层特性管理器"面板，新建"线路""电气元件"和"文字"图层。双击"电气元件"图层，将其设为当前层。

10.2.2 绘制各电气元件

下面将对钻床电气图中的一些电气元件符号进行绘制。其中包括接地符号、电动机及热继电器、各种开关、信号灯、旋钮等。

Step 01 执行"圆"命令，绘制半径为 2mm 的圆。执行"直线"和"极轴追踪"命令，将增量角设为 45，绘制长 7mm 的斜线，完成端子元件的绘制，如图 10-46 所示。

Step 02 执行"圆"命令，绘制半径为 7mm 的圆，然后，执行"直线"命令，绘制三条水平线及一条垂直线，完成接地符号的绘制，如图 10-47 所示。

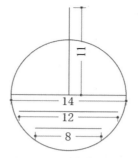

图 10-46　绘制端子元件　　　　　图 10-47　绘制接地符号

Step 03 执行"圆"命令，绘制半径为 8.5mm 的圆。执行"直线"和"极轴追踪"命令，将增量角设为 65，绘制斜线及直线，如图 10-48 所示。

Step 04 执行"矩形"命令，绘制长 21mm、宽 7mm 的矩形。执行"多段线"和"复制"命令，完成绘制热继线圈符号的绘制，如图 10-49 所示。

Step 05 执行"单行文字"命令，将文字高度设为 4，旋转角度设为 0，添加电动机文字注释。执行"样条曲线"命令，绘制曲线，如图 10-50 所示。

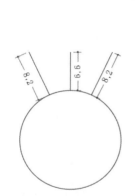

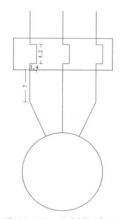

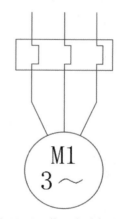

图 10-48　绘制圆和线段　　　图 10-49　绘制热继线圈　　　图 10-50　输入电动机文字

Step 06 执行"直线""圆""修剪""复制"和"矩形"命令，绘制多级开关、触点开关、电感器以及熔断器符号，如图 10-51 所示。

图 10-51　绘制开关、电感器及熔断器符号

Step 07 执行"极轴追踪""直线""修剪"和"多段线"命令，绘制出触点位置开关、常闭开关和热继触点开关，如图 10-52 所示。

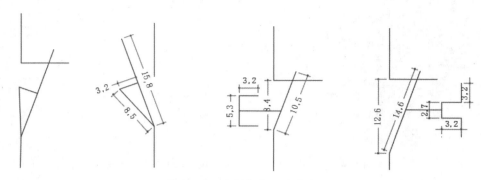

图 10-52　绘制各种开关符号

Step 08 执行"圆弧""直线"等命令，绘制出延时触点开关，如图 10-53 所示。

Step 09 执行"圆""直线""旋转"和"矩形"命令，绘制出信号灯及线圈符号，如图 10-54 所示。

知识拓展

热继触点开关是指一个利用金属触点可以使电路开路、接通，使电流中断或使其流到其他电路的开关。继电器在线圈没有通电情况下，断开状态的触点是常开触点，闭合状态的触点是常闭触点。

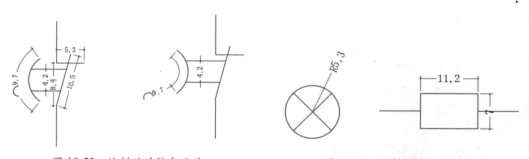

图 10-53　绘制延时触点开关　　　　　图 10-54　绘制信号灯及线圈

10.2.3　绘制线路组合元件

下面将使用"直线""偏移""修剪"等命令绘制电路图中的线路网，并将绘制好的电气元件添加到线路中，其具体操作方法如下。

Step 01 将"线路"层设为当前层。执行"矩形"命令，绘制长 430mm、宽 220mm 的矩形，然后执行"分解"命令，将矩形进行分解，如图 10-55 所示。

Step 02 执行"偏移"命令，将矩形左边线依次向右偏移 15mm、7mm、7mm、21mm、7mm、7mm、34mm、7mm、7mm、42mm、7mm 和 7mm，如图 10-56 所示。

Step 03 执行"偏移"命令，将矩形上边线依次向下偏移 56mm、7mm、7mm 和 126mm，如图 10-57 所示。

图 10-55　绘制并分解矩形

图 10-56　偏移矩形左侧边线

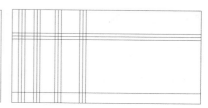
图 10-57　偏移矩形上边线

Step 04 为了方便说明，将每条线路添加标记，如图 10-58 所示。

Step 05 选中电动机及热继电器元件符号，并指定圆心点为移动基点，将该元件符号移动至线路 2 与线路 16 的交点上，如图 10-59 所示。

Step 06 执行"复制"命令，将该元件符号复制到线路 5 与线路 16 的交点上，并删除第一个元件符号上的热继电器符号，如图 10-60 所示。

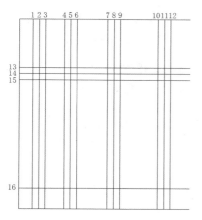
图 10-58　标记线路

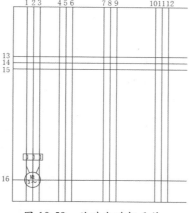
图 10-59　移动电动机元件

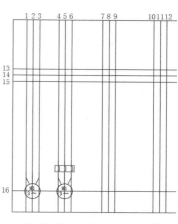
图 10-60　复制电动机元件

Step 07 再次执行"复制"命令，将电动机元件复制到其他线路中，如图 10-61 所示。

Step 08 将端子元件、多极开关元件、熔断器元件以及触点开关元件移动至线路合适位置，如图 10-62 所示。

Step 09 执行"修剪"命令，对线路进行修剪操作，如图 10-63 所示。

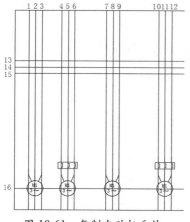
图 10-61　复制电动机元件

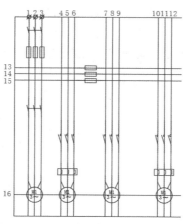
图 10-62　移动其他开关元件

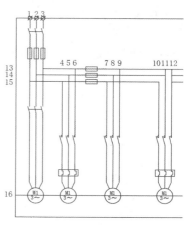
图 10-63　修剪线路

Step 10 执行"偏移"命令，将线路 9 依次向右偏移 14mm、7mm 和 7mm，如图 10-64 所示。

Step 11 执行"偏移"命令，将线路 15 依次向下偏移 40mm、7mm、7mm、19mm、7mm 和 7mm，如图 10-65 所示。

Step 12 执行"修剪"命令，对偏移的路线进行修剪，如图 10-66 所示。

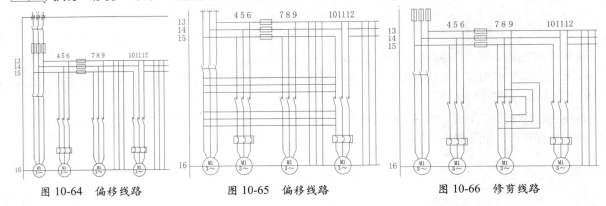

图 10-64　偏移线路　　　　图 10-65　偏移线路　　　　图 10-66　修剪线路

Step 13 将触点开关复制移动至刚修剪的线路上，并执行"修剪"命令，将线路进行修剪，如图 10-67 所示。

Step 14 执行"复制"命令，将刚绘制的线路整体复制到线路 10、11 和 12 上，如图 10-68 所示。

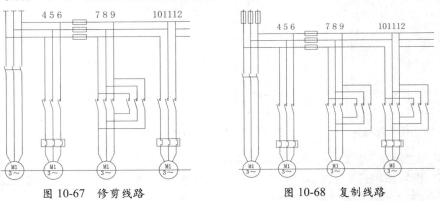

图 10-67　修剪线路　　　　　　　图 10-68　复制线路

Step 15 执行"圆"和"复制"命令，绘制半径为 0.5mm 的圆形，作为连接点，放置在线路节点位置，如图 10-69 所示。

Step 16 执行"直线"命令，绘制电动机接地线路，以及添加保护接地符号，如图 10-70 所示。

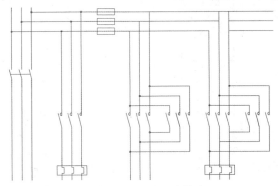
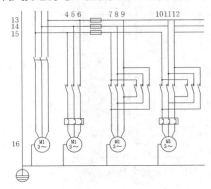

图 10-69　添加连接点　　　　　　图 10-70　添加接地符号

Step 17 在线路 12 上添加电感器元件，如图 10-71 所示。

Step 18 执行"偏移"命令，将线路 12 依次向右偏移 48mm、14mm、14mm、14mm、14mm、28mm、28mm、28mm、14mm、14mm、19mm 和 14mm，结果如图 10-72 所示。

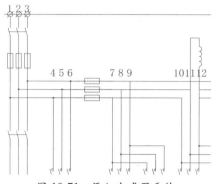

图 10-71　添加电感器元件

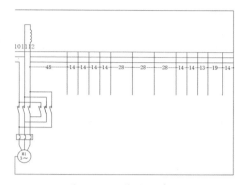

图 10-72　偏移线路

Step 19 执行"延伸"命令，将偏移后的直线延伸到矩形底边线上。执行"复制"命令，复制电感器元件，并执行"直线"和"修剪"命令，绘制连接线路，如图 10-73 所示。

Step 20 同样将线路进行标记。然后将信号灯元件添加至第 14~17 线路中，结果如图 10-74 所示。

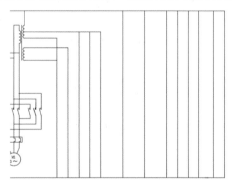

图 10-73　添加电感器元件并修剪线路

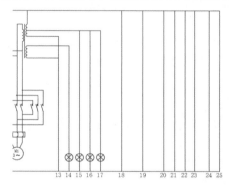

图 10-74　添加信号灯元件

Step 21 执行"复制"命令，将线圈元件添加至 18~24 线路上，如图 10-75 所示。

Step 22 执行"复制"命令，将各个开关元件添加至 14~25 线路上，并执行"直线"命令，绘制部分开关连接电路，如图 10-76 所示。

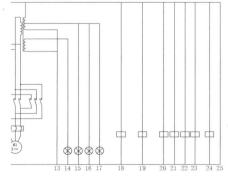

图 10-75　添加线圈元件

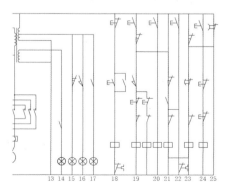

图 10-76　添加各种开关元件

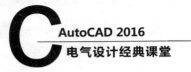

Step 23 执行"修剪"命令，将所有线路进行修剪调整，如图 10-77 所示。

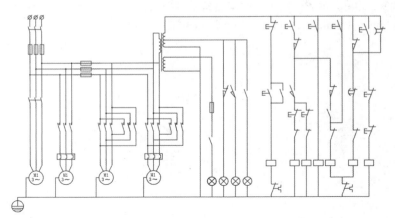

图 10-77　修剪调整所有线路

10.2.4　添加文字注释

　　将线路和电气元件组合完成后，执行"单行文字"命令，就可对该电气图纸添加文字注释了，其具体操作如下。

Step 01 将"文字"图层设为当前层。执行"单行文字"命令，在绘图区中指定文字起点，并设置文字高度为 4，旋转角度为 0，输入文字，按 Ctrl+Enter 组合键完成输入。

Step 02 执行"复制"命令，将输入的文字复制到其他电气元件上，双击复制后的文字，在文字编辑器中输入新文字。

Step 03 按照同样的操作，完成其他文字修改操作，如图 10-78 所示。至此钻床电气图绘制完毕。

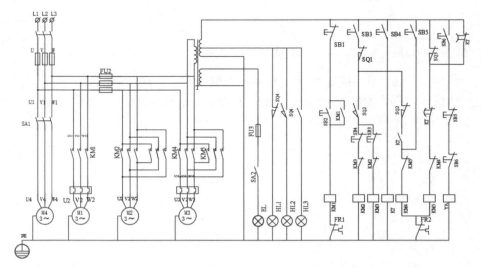

图 10-78　添加文字注释

第11章

绘制电子电路图

电子电路图主要是反映各种电子产品或电子设备中各元器件的电路连接情况。电子电路图可称为电路图或电路原理图，它是用特定的电路符号来绘制电路结构的。一般电子电路图可分为原理图、方框图、装配图和印板图 4 种类型。本章将向读者介绍一些常见的电子电路图的绘制方法及技巧。

知识要点

▲ 绘制电疗仪电路图

▲ 绘制装饰彩灯控制电路图

11.1 绘制电疗仪电路图

在绘制任何一张电路图纸时，需要清楚地将电路反映出来，不能遗漏任何一个电路器件。尽可能使各器件合理、均匀地安排在电路中，以保持图纸的美观性。本小节将以电疗仪为例，来介绍电子电路图的绘制方法。

11.1.1 设置绘图环境

通常在绘图前，需要对绘图环境进行一系列的设置，例如图形单位、图形界限以及图层设置等。

Step 01 启动 AutoCAD 软件，新建空白文件。执行"格式"→"单位"命令，打开"图形单位"对话框，将精度设为 0.0；将"用于缩放插入内容的单位"设为毫米。

Step 02 单击"确定"按钮，完成图形单位的设置。执行"格式"→"图形界限"命令，根据命令行提示，将其图限设为 420×297。

Step 03 打开"图层特性管理器"面板，新建"导线""电路器件"和"文字"图层。双击"电路器件"图层，将其设为当前层，如图 11-1 所示。

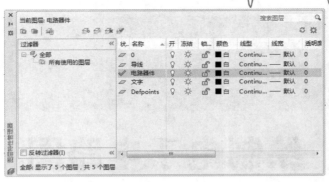

图 11-1　创建图层

11.1.2　绘制电路器件

常见的电路器件有电阻、电容、二极管、三极管、电池、扬声器、变压器等。下面将绘制电疗仪中相关电气元件，其中包括二极管、三极管、电容器等。

Step 01 执行"直线"命令，绘制长 220mm 和长 145mm 的两条平行线，如图 11-2 所示。

Step 02 执行"复制"命令，选中两条平行线，捕捉长长线段中点为复制基点，向右移动光标，并输入 60，如图 11-3 所示。按两次回车键，完成电池组符号的绘制操作，如图 11-4 所示。

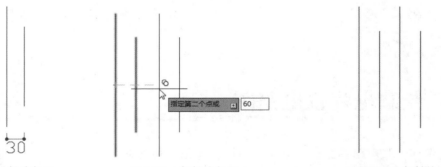

图 11-2　绘制平行线　　　　　图 11-3　复制平行线　　　　　图 11-4　复制结果

Step 03 执行"直线"和"极轴追踪"命令，将增量角设为 30 度，绘制开关符号，如图 11-5 所示。

Step 04 执行"直线"命令，绘制两条相互垂直的线段，如图 11-6 所示。

Step 05 继续执行"直线"命令，并启动"极轴追踪"命令，将增量角设为 60 度，绘制两条斜线，如图 11-7 所示。

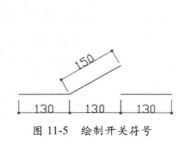
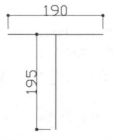
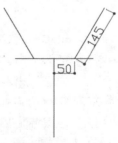

图 11-5　绘制开关符号　　　　图 11-6　绘制两条垂直线　　　　图 11-7　绘制斜线

Step 06 执行"多段线"命令，绘制箭头符号，其参数可参考命令行提示内容进行绘制，如图 11-8 所示。命令行提示如下。

```
命令：PL
PLINE
指定起点：                                              （捕捉左侧斜线端点）
当前线宽为 0.0000
指定下一个点或 [圆弧(A)/半宽(H)/长度(L)/放弃(U)/宽度(W)]：w（输入"W"，选择"宽度"选项）
指定起点宽度 <0.0000>：0                               （输入起点宽度，或按回车键）
指定端点宽度 <0.0000>：15                              （输入端点宽度，回车）
指定下一个点或 [圆弧(A)/半宽(H)/长度(L)/放弃(U)/宽度(W)]：50（输入箭头长度值，回车完成）
指定下一点或 [圆弧(A)/闭合(C)/半宽(H)/长度(L)/放弃(U)/宽度(W)]：
```

Step 07 执行"矩形"命令，绘制长 75mm、宽 25mm 的矩形，并执行"直线"和"极轴追踪"命令，绘制两条斜线和一条水平线，如图 11-9 所示。

Step 08 执行"直线"命令，绘制长 490mm 的水平直线，执行"定数等分"命令，将直线等分成 4 份，并绘制等分线，如图 11-10 所示。

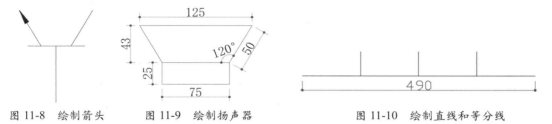

图 11-8　绘制箭头　　　图 11-9　绘制扬声器　　　　　　图 11-10　绘制直线和等分线

Step 09 执行"圆"→"两点"命令，捕捉直线起点与第一条等分线的交点，绘制圆形，如图 11-11 所示。

Step 10 执行"复制"命令，将圆形进行复制，如图 11-12 所示。

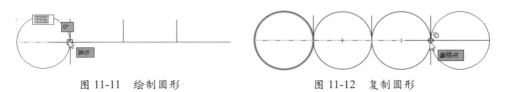

图 11-11　绘制圆形　　　　　　图 11-12　复制圆形

Step 11 执行"修剪"命令，将图形进行修剪，再删除直线。然后执行"直线"命令，绘制两侧直线，如图 11-13 所示。

图 11-13　绘制电感器

Step 12 执行"直线""矩形"和"极轴追踪"命令，绘制电容、电阻以及进出线符号，如图 11-14 所示。

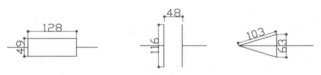

图 11-14　绘制其他电气元件

11.1.3 绘制导线连接器件

电气元件绘制好后，接下来需要利用线路将这些电气元件组合起来，使图纸具有完整性。其具体操作步骤如下。

Step 01 在"图层"面板中单击"图层"下拉按钮，在打开的图层列表中，单击"导线"图层，将其设为当前层，如图 11-15 所示。

Step 02 执行"矩形"命令，绘制长 1800mm、宽 1450mm 的矩形。执行"分解"命令，将矩形进行分解操作，如图 11-16 所示。

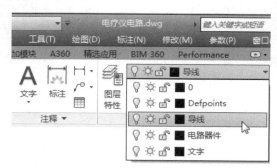

图 11-15 设置当前层

图 11-16 绘制矩形

Step 03 执行"偏移"命令，将矩形左边线向右依次偏移 235mm 和 320mm，如图 11-17 所示。

Step 04 继续执行"偏移"命令，将矩形底边线向上偏移 270mm，如图 11-18 所示。

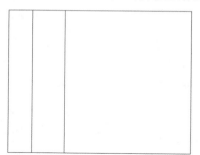

图 11-17 偏移矩形左边线

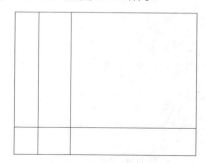

图 11-18 偏移矩形底边线

Step 05 执行"矩形"命令，绘制长 1015mm、宽 385mm 的矩形，并将其放置于大矩形内合适位置，如图 11-19 所示。

Step 06 执行"倒角"命令，根据命令行提示，将第一个倒角值设为 250，第二个倒角值设为 180，然后选择小矩形上边线和左边线，完成矩形倒角的设置，如图 11-20 所示。

命令行提示如下。

```
命令: _chamfer
("修剪"模式) 当前倒角距离 1 = 50.0000, 距离 2 = 30.0000
选择第一条直线或 [放弃(U)/多段线(P)/距离(D)/角度(A)/修剪(T)/方式(E)/多个(M)]: d（输入
"D"，选择距离）
指定 第一个 倒角距离 <50.0000>: 250            （设置第1个倒角值250，回车）
指定 第二个 倒角距离 <250.0000>: 180           （设置第2个倒角值180，回车）
```

选择第一条直线或 [放弃(U)/多段线(P)/距离(D)/角度(A)/修剪(T)/方式(E)/多个(M)]: （选择矩形上边线）

选择第二条直线，或按住 Shift 键选择直线以应用角点或 [距离(D)/角度(A)/方法(M)]: （选择矩形左边线）

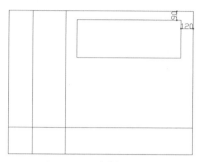

图 11-19　绘制小矩形

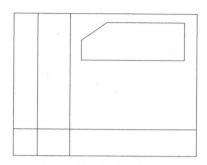

图 11-20　倒角小矩形

Step 07 将开关、电池、扬声器、三极管、电阻等电气元件添加到导线中，如图 11-21 所示。

Step 08 执行"修剪"命令，对导线进行修剪操作，如图 11-22 所示。

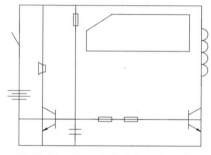

图 11-21　添加电气元件至导线中

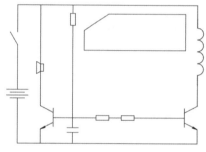

图 11-22　修剪导线

Step 09 执行"分解"命令，分解小矩形。执行"定数等分"命令，将小矩形底边线等分成 10 份，并执行"直线"命令，向下绘制等分线，如图 11-23 所示。

Step 10 执行"单行文字"命令，将文字高度设为 80，旋转角度为 0，为导线线路添加编号，如图 11-24 所示。

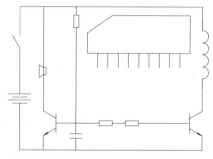

图 11-23　等分矩形边线并绘制等分线

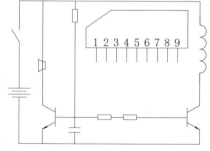

图 11-24　添加编号

Step 11 执行"偏移"命令，将小矩形底边线向下偏移 220mm，如图 11-25 所示。

Step 12 执行"延伸"命令，将导线 2 和导线 6 延长至偏移线段上，如图 11-26 所示。

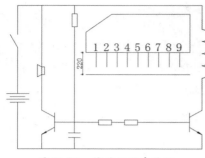

图 11-25　偏移矩形底边线

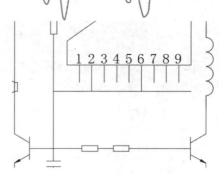

图 11-26　延伸导线

Step 13 执行"修剪"命令，对偏移线进行修剪，如图 11-27 所示。

Step 14 再次执行"延伸"命令，将导线 7~9 延长至大矩形底边线，如图 11-28 所示。

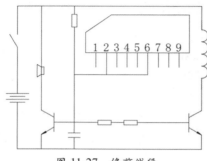

图 11-27　修剪线段

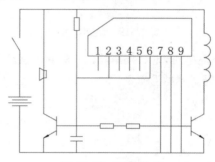

图 11-28　延伸导线

Step 15 执行"偏移"命令，将大矩形底边线向上偏移 460mm，如图 11-29 所示。

Step 16 将电阻符号添加至导线 7~8 上，如图 11-30 所示。

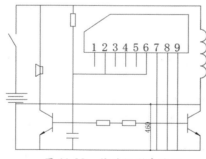

图 11-29　偏移矩形底边线

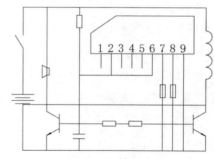

图 11-30　添加电阻符号

Step 17 执行"多段线"命令，根据命令行提示，绘制一条多段线及箭头，完成可变电阻的绘制操作，如图 11-31 所示。

命令行提示如下。

```
命令: PL
PLINE
指定起点:                                    (指定导线8上电阻底部中点)
当前线宽为 0.0000
指定下一个点或 [圆弧(A)/半宽(H)/长度(L)/放弃(U)/宽度(W)]: 72      (向下移动光标，输入
72，回车)
```

指定下一点或 [圆弧(A)/闭合(C)/半宽(H)/长度(L)/放弃(U)/宽度(W)]：250 　　　（向左移动光标，
输入250，回车）
指定下一点或 [圆弧(A)/闭合(C)/半宽(H)/长度(L)/放弃(U)/宽度(W)]：130 　　　（向上移动光标，
输入130，回车）
指定下一点或 [圆弧(A)/闭合(C)/半宽(H)/长度(L)/放弃(U)/宽度(W)]：60 　　　　（向右移动光标，
输入60，回车）
指定下一点或 [圆弧(A)/闭合(C)/半宽(H)/长度(L)/放弃(U)/宽度(W)]：w 　　　　（输入"W"，设
置宽度值）
指定起点宽度 <0.0000>：20 　　　　　　　　　　　　　　　（设置起点宽度20，回车）
指定端点宽度 <20.0000>：0 　　　　　　　　　　　　　　　（设置端点宽度0，回车）
指定下一点或 [圆弧(A)/闭合(C)/半宽(H)/长度(L)/放弃(U)/宽度(W)]： 　　　　（捕捉电阻左侧中点，回车
完成操作）
指定下一点或 [圆弧(A)/闭合(C)/半宽(H)/长度(L)/放弃(U)/宽度(W)]：

Step 18 执行"修剪"命令，对导线进行修剪操作，如图 11-32 所示。

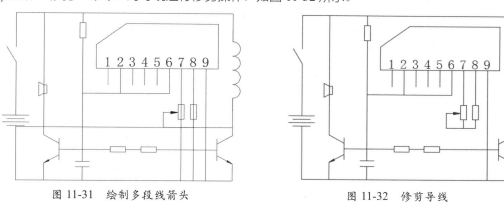

图 11-31　绘制多段线箭头　　　　　　　　　图 11-32　修剪导线

Step 19 执行"直线"命令，绘制其他导线，如图 11-33 所示。

Step 20 执行"矩形"命令，绘制长980mm、宽530mm的矩形，并将其放置到图形合适位置，如图11-34所示。

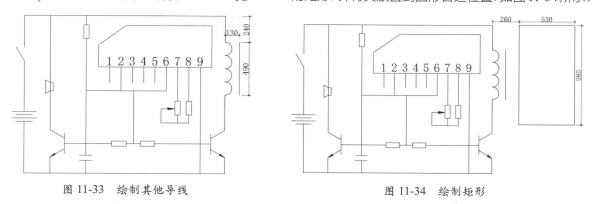

图 11-33　绘制其他导线　　　　　　　　　　图 11-34　绘制矩形

Step 21 执行"分解"命令，将刚绘制的矩形进行分解。执行"执行"命令，绘制矩形中线，如图 11-35
所示。

Step 22 将电感器、电容以及电阻符号放置到导线中，如图 11-36 所示。

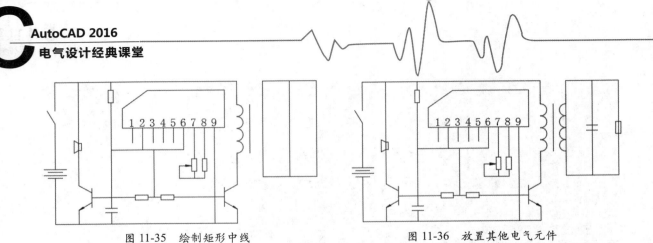

图 11-35　绘制矩形中线　　　　　　图 11-36　放置其他电气元件

Step 23〉执行"修剪"命令，对导线进行修改，如图 11-37 所示。

Step 24〉执行"多段线"命令，绘制导线，如图 11-38 所示。

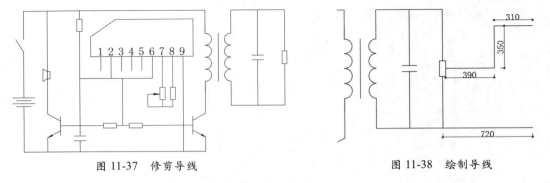

图 11-37　修剪导线　　　　　　　　图 11-38　绘制导线

Step 25〉将进出线符号添加至导线中。至此，导线和电气元件完成组合，如图 11-39 所示。

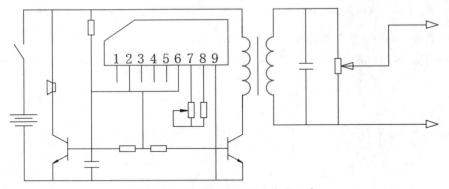

图 11-39　导线和电气元件完成组合

11.1.4　添加文字注释

　　文字注释在电路图中是不可或缺的一部分。它能够明确地表达出图纸中一些几何图形所要传达的信息。下面将对电路图添加文字注释。

Step 01〉打开"图层特性管理器"面板，双击"文字"图层，将其设为当前层，如图 11-40 所示。

Step 02〉执行"多行文字"命令，在图纸中框选文字范围，将"文字高度"设为 80，输入文字内容，如图 11-41 所示。

✍ 绘图技巧 --------------------------------------

想要快速在单行文字中添加上、下角标，可启动"单行文字"命令。确定好文字位置后，例如输入 M^2，此时在命令行中输入 M\u+00b2，按两次回车键，即可完成上角标的添加操作。如果添加下角标。则是输入 M\u+2080，按两次回车键即可完成。

图 11-40　设置"文字"层为当前层

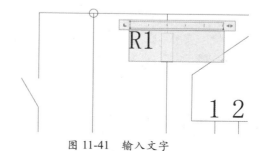

图 11-41　输入文字

Step 03 ▷ 单击空白处，完成输入操作。执行"复制"命令，将该文字复制到其他需要注释的位置。双击复制后的文字，在文字编辑器中输入新文字，按 Ctrl+Enter 键，完成更改操作，如图 11-42 所示。至此电疗仪电路图绘制完毕。

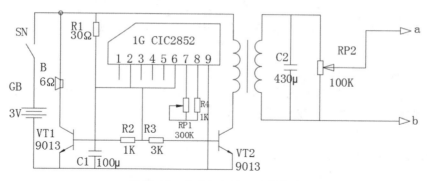

图 11-42　电疗仪电路图绘制完毕

11.2　绘制装饰彩灯控制电路图

装饰彩灯是我国民间传统性工艺品，是在生活中经常用到的装饰物品，而每当节假日到来时，更是随处可见，彩灯已成为生活中不可或缺的装饰物品。下面将以装饰彩灯为例，来介绍彩灯电路图的绘制方法。

11.2.1　设置绘图环境

在绘制图形前，需要对当前的绘图环境进行设置。

Step 01 执行"格式"→"单位"命令，打开"图形单位"对话框，将"精度"设为 0.0；将"用于缩放插入内容的单位"设为"毫米"。

Step 02 执行"格式"→"图形界限"命令，将其图限设为 420×297。

Step 03 打开"图层特性管理器"面板，新建"连接线""电气元件"和"文字标注"图层。双击"电气元件"图层，将其设为当前层，如图 11-43 所示。

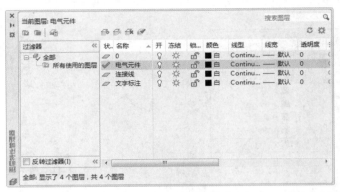

图 11-43 创建图层

11.2.2 绘制各电气元件

下面对图中的一些电气元件符号进行绘制。其中包括转换开关、信号灯、电阻、二极管和二极发光管等。

Step 01 执行"圆"命令，绘制半径为 5mm 的圆形，如图 11-44 所示。

Step 02 执行"直线"命令，捕捉圆形的四个象限点，绘制两条相互垂直的直线，如图 11-45 所示。

Step 03 执行"旋转"命令，选中两条垂直线段，并指定圆心为旋转基点，设置旋转角度为 45，旋转垂直线，如图 11-46 所示。

Step 04 捕捉圆形上下两个象限点，分别向上、下绘制两条 10mm 的直线段，如图 11-47 所示。

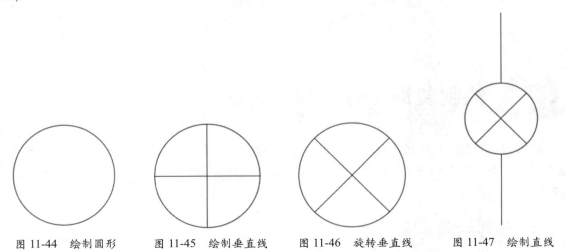

图 11-44 绘制圆形　　　图 11-45 绘制垂直线　　　图 11-46 旋转垂直线　　　图 11-47 绘制直线

Step 05 捕捉下端垂直线端点，向右绘制一条长 15mm 的水平线，如图 11-48 所示。

Step 06 执行"复制"命令，将绘制好的信号灯符号复制到 15mm 水平线的右侧端点上，如图 11-49 所示。

Step 07 执行"直线"命令，捕捉右侧信号灯下方直线的端点，向下绘制长为 5mm 的垂直线，如图 11-50 所示。

Step 08 执行"多边形"命令，根据命令行提示，绘制一个边长为 8.6mm 的等边三角形，其具体参数可参考命令行中的提示进行绘制，并将其移动至图形合适位置，如图 11-51 所示。

命令行提示如下。

```
命令：_polygon 输入侧面数 <4>: 3            （输入多边形的边数值"3"）
指定正多边形的中心点或 [边(E)]:             （指定任意点为中点）
输入选项 [内接于圆(I)/外切于圆(C)] <I>: I    （选择"外切于圆"选项）
指定圆的半径：5                            （输入半径值"5"，回车）
```

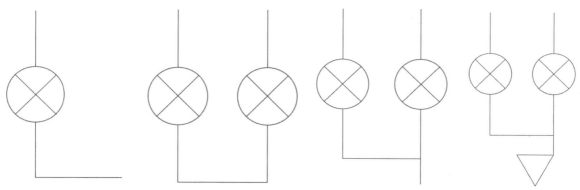

图 11-48 绘制水平线　　　图 11-49 复制信号灯符号　　　图 11-50 绘制垂直线　图 11-51 绘制等边三角形

Step 09 执行"直线"命令，捕捉三角形右侧顶点，向右绘制长为 10mm 的线段。

Step 10 执行"旋转"命令，根据命令行中的提示，将三角形旋转 180 度，并复制三角形。然后将其移至 10mm 线段的中点上，如图 11-52 所示。

命令行提示如下。

```
命令：RO
ROTATE
UCS 当前的正角方向：ANGDIR=逆时针 ANGBASE=0
选择对象：找到 1 个
选择对象：                                （选择三角形）
指定基点：（指定三角形右侧顶点）
指定旋转角度，或 [复制(C)/参照(R)] <180>: c （移动光标，输入"C"，旋转"复制"选项）
旋转一组选定对象。
指定旋转角度，或 [复制(C)/参照(R)] <180>: 180 （输入旋转角度180，回车）
```

Step 11 执行"复制"命令，指定 10mm 线段的中点为复制基点，将其复制到左侧三角形中点位置，如图 11-53 所示。

Step 12 执行"直线"命令，绘制如图 11-54 所示的图形。

Step 13 执行"创建块"命令，将刚绘制的图形创建成块。

Step 14 执行"矩形"命令，绘制长为 12mm、宽为 6mm 的矩形，并执行"直线"命令，绘制两条相互垂直的直线，如图 11-55 所示。

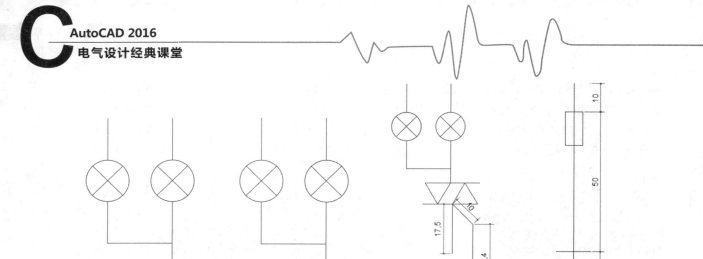

图 11-52　旋转三角形　　图 11-53　复制直线　　图 11-54　绘制连接线　　图 11-55　绘制矩形和直线

Step 15 执行"多边形"命令，绘制一个边长为 12mm 的等边三角形，并将其放置到两条直线段的交点上，如图 11-56 所示。

Step 16 执行"多段线"命令，并启用"极轴追踪"，将增量角设为 45，绘制箭头符号，其具体参数可参照命令行提示进行绘制，如图 11-57 所示。

命令行提示如下。

```
命令：PL
PLINE
指定起点：                                          （指定任意一点）
当前线宽为 0.0
指定下一个点或 [圆弧(A)/半宽(H)/长度(L)/放弃(U)/宽度(W)]：5        （移动光标，并捕
捉45度角，输入5，回车）
指定下一点或 [圆弧(A)/闭合(C)/半宽(H)/长度(L)/放弃(U)/宽度(W)]：w       （输入"W"，选
择"宽度"选项）
指定起点宽度 <0.0>：2                            （设置多段线起点宽度"2"）
指定端点宽度 <2.0>：0                            （设置多段线端点宽度"0"）
指定下一点或 [圆弧(A)/闭合(C)/半宽(H)/长度(L)/放弃(U)/宽度(W)]：4       （移动光标，输入
4，回车）
指定下一点或 [圆弧(A)/闭合(C)/半宽(H)/长度(L)/放弃(U)/宽度(W)]：
```

Step 17 执行"复制"命令，复制箭头符号。执行"修剪"命令，将矩形中的直线减去，如图 11-58 所示。

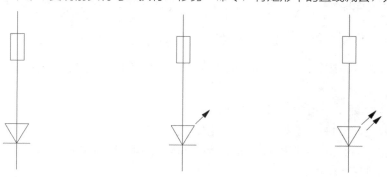

图 11-56　绘制等边三角形　　　图 11-57　绘制箭头符号　　　图 11-58　复制箭头符号

Step 18 执行"创建块"命令，将刚绘制的图形创建成块。

Step 19 执行"直线"命令，绘制两条长为 20mm，且相互垂直的直线，如图 11-59 所示。

Step 20 同样执行"直线"命令，并启用"极轴追踪"命令，将增量角设为 30，绘制两条长为 17mm 的斜线，并放置在两条垂直线上的合适位置，如图 11-60 所示。

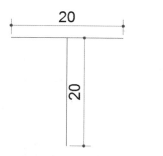

图 11-59　绘制相互垂直的直线

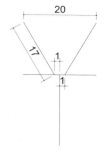

图 11-60　绘制斜线

Step 21 执行"多段线"命令，捕捉右侧斜线上方端点和斜线中点作为多段线起点和终点，并将多段线起点宽度设为 0，终点宽度设为 2，绘制一条长 7mm 的箭头，如图 11-61 所示。

Step 22 执行"直线"和"矩形"命令，绘制电阻图形，并将其与三极管符号相连，如图 11-62 所示。

Step 23 将电阻图块与三极管符号再次组合成如图 11-63 所示的图形。

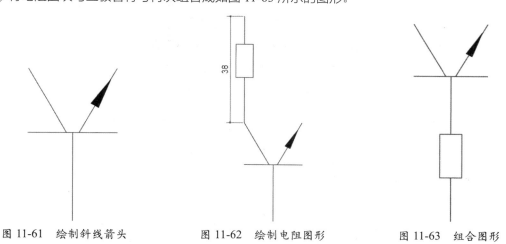

图 11-61　绘制斜线箭头　　　　图 11-62　绘制电阻图形　　　　图 11-63　组合图形

Step 24 执行"创建块"命令，将其图块创建成块。

11.2.3　绘制线路组合元件

　　下面将使用"直线""偏移""修剪"等命令，绘制电路图中的线路网，并将绘制好的电气元件添加到线路中，其具体操作方法如下。

Step 01 将"连接线"图层设为当前层。执行"直线"命令，绘制一条长为 580mm 的水平直线。执行"矩形"命令，在水平线下方 75mm 处，绘制长为 580mm、宽为 320mm 的矩形，并将其进行分解，如图 11-64 所示。

Step 02 将信号灯组合元件移动至水平直线的合适位置，如图 11-65 所示。

图 11-64 绘制直线与矩形

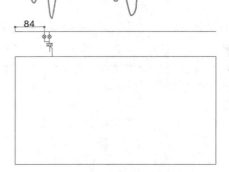

图 11-65 移动电气元件

Step 03 执行"矩形阵列"命令，选中信号灯组合电气元件，在"阵列创建"选项卡中将"列数"设为 7，"行数"设为 1。在"列"面板中，将"介于"设为 80，如图 11-66 所示。

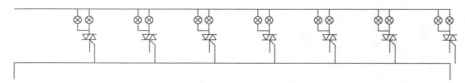

图 11-66 设置矩形阵列参数

Step 04 设置好后，按回车键，完成矩形阵列的创建操作，如图 11-67 所示。

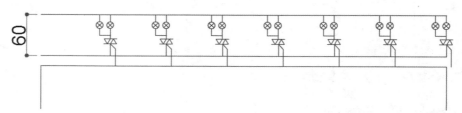

图 11-67 阵列信号灯组合电器

Step 05 执行"偏移"命令，将水平直线向下偏移 60mm，如图 11-68 所示。

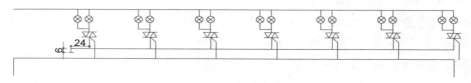

图 11-68 偏移直线

Step 06 执行"直线"和"修剪"命令，对偏移后的直线进行修剪操作，如图 11-69 所示。

图 11-69 绘制并修剪线段

Step 07 执行"偏移"命令，将矩形上边线向下依次进行偏移，偏移尺寸如图 11-70 所示。

Step 08 执行"复制"命令，将电阻及三极管组合元件放置在偏移线上，如图 11-71 所示。

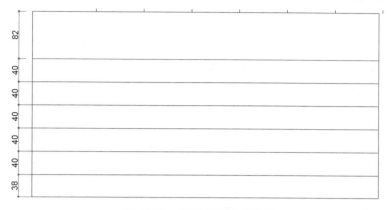

图 11-70　设置矩形阵列参数

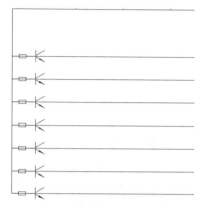

图 11-71　复制电气元件

Step 09 将另一个三极管组合元件添加至线路合适位置，如图 11-72 所示。

Step 10 同样将发光二极管组合元件添加至线路中，如图 11-73 所示。

Step 11 执行"直线"命令，连接线路，如图 11-74 所示。

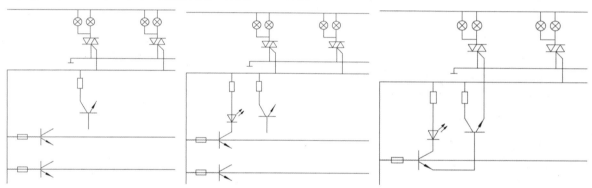

图 11-72　添加三极管组合元件　　图 11-73　添加发光二极管组合元件　　图 11-74　添加连接线路

Step 12 执行"复制"命令，将三极管组合元件和发光二极管组合元件进行复制，如图 11-75 所示。

Step 13 执行"直线""复制"和"倒圆角"命令，将圆角半径设为 0，然后添加所有连接线路，并将其闭合，如图 11-76 所示。

Step 14 删除所有多余的线段。执行"圆"命令，绘制半径为 2.5mm 的小圆，并执行"复制"命令，将其放置在每条线路起始位置，作为转换开关元件，如图 11-77 所示。

知识拓展

　　在绘制电路图时，需要注意 4 点：①应完整地反映电路的组成，要把电源、电器、导线和开关都添加在电路之中，不能遗漏某一电路器件；②规范地使用器件符号；③合理安排器件符号的位置；④导线必须横平竖直，转弯处一般取直角，使电路图整洁工整。

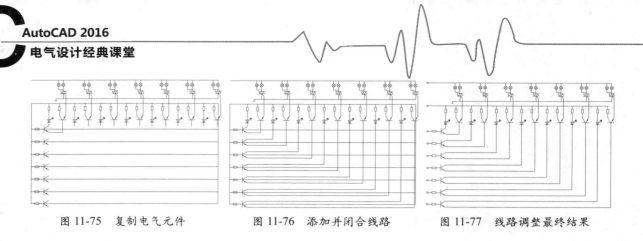

图 11-75　复制电气元件　　　图 11-76　添加并闭合线路　　　图 11-77　线路调整最终结果

11.2.4　添加文字注释

线路和电气元件组合完成后，就可对该电气图纸添加文字注释了，其具体操作如下。

Step 01 将"文字注释"图层设为当前层。执行"单行文字"命令，在绘图区中指定好文字起点，并设置文字高度为 8，旋转角度为 0，输入文字，按 Ctrl+Enter 键完成输入。

Step 02 执行"复制"命令，将输入的文字复制到其他电气元件上，双击复制后的文字，在文字编辑器中输入新文字，最终如图 11-78 所示。至此装饰彩灯控制电路图绘制完毕。

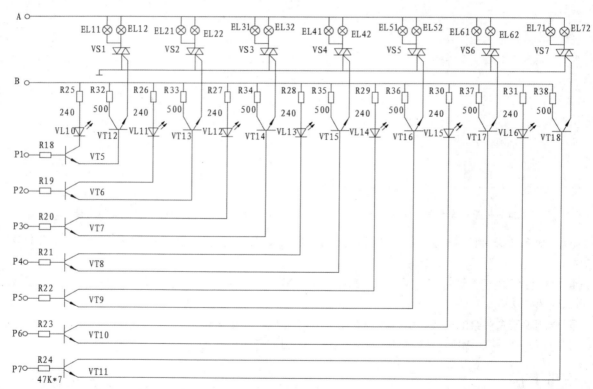

图 11-78　添加文字注释

第12章

绘制建筑电气图

在建筑设计行业中，电气设计与施工是不可缺少的，电气施工图是属于整套建筑设计施工图的一部分。通常建筑电气图纸可分为四大类，分别为电气外线总平面图、电气系统图、电气施工平面图以及电气大样图。本章将以某研究所二层小楼为例，介绍建筑电气图的绘制方法及技巧。

知识要点

▲ 绘制研究所照明平面图　　　　　　　　▲ 绘制研究所配电系统图

12.1 绘制研究所照明平面图

照明平面图是用来表示室内照明设备平面布置和配电管线的走向及铺设部位的图纸，通常该图纸是在建筑基础平面图上进行绘制的。在绘制过程中，首先要对室内照明的灯具进行布置；其后根据灯具的位置，来布置配电管线的走向；最后为所有配电管线添加必要的文字注释，例如配电箱型号、数量、安装位置、照明线路铺设位置、导线的型号规格等。

12.1.1 绘制并添加照明设备

一般照明设备不外乎配电箱、插座箱、接线箱、各灯具以及开关插座等。在绘制过程中，灯具一般布置在房间中央，定位时可使用辅助线来确定。下面将为平面图添加照明设备。

Step 01 打开"某研究所户型图"素材文件。打开"图层特性管理器"面板，新建"照明设备""导线"和"文字注释"图层，并设置好其图层特性，如图 12-1 所示。

Step 02 双击"照明设备"层，将其设置为当前层。执行"圆""直线"和"修剪"命令，绘制插座图形，如图 12-2 所示。

Step 03 执行图案填充命令，对插座进行填充操作，如图 12-3 所示。

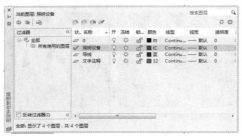

图 12-1　新建图层

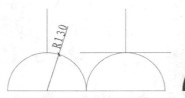

图 12-2　绘制插座轮廓

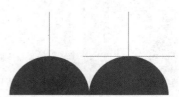

图 12-3　填充插座

Step 04 执行"创建块"命令，打开"块定义"对话框，选择插座图形并设置相关参数，如图 12-4 所示。

Step 05 执行"圆"和"多段线"命令，绘制开关符号。执行"创建块"命令，将其分别创建成块，如图 12-5 所示。

图 12-4　创建块

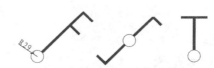

图 12-5　绘制开关符号

Step 06 执行"移动""复制"和"旋转"命令，将插座符号布置到一层平面图中，如图 12-6 所示。

Step 07 将开关图形添加至一层平面图中，如图 12-7 所示。

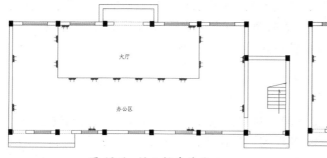

图 12-6　添加插座符号

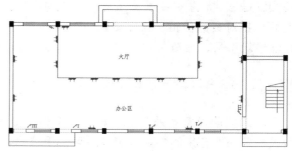

图 12-7　添加开关符号

Step 08 执行"直线"命令，绘制辅助线，其尺寸距离如图 12-8 所示。

Step 09 执行"偏移"命令，将该辅助线依次向下偏移 2000mm，共偏移 3 次，如图 12-9 所示。

Step 10 执行"直线"命令，绘制垂直辅助线，其尺寸距离如图 12-10 所示。

Step 11 执行"偏移"命令，将垂直辅助线依次向右偏移 3400mm，共偏移 4 次，如图 12-11 所示。

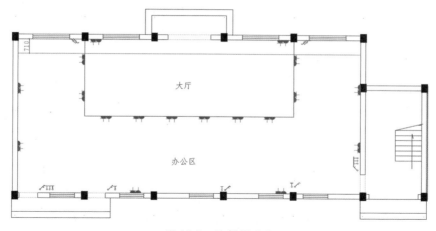

图 12-8　绘制辅助线

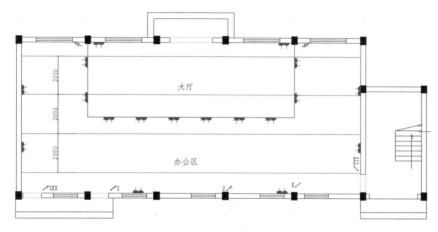

图 12-9　偏移辅助线

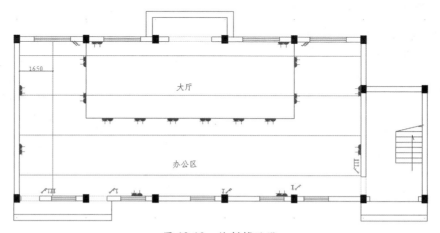

图 12-10　绘制辅助线

Step 12 执行"插入"→"块"命令，打开"插入"对话框，单击"浏览"按钮，在打开的"选择图形文件"对话框中，选择荧光灯图块，单击"打开"按钮，如图 12-12 所示。

Step 13 返回到上一层对话框，单击"确定"按钮，将荧光灯图块插入到图形中，如图 12-13 所示。

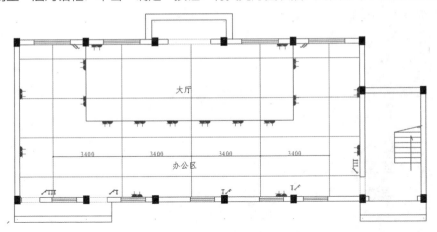

图 12-11 偏移辅助线

图 12-12 选择荧光灯图块

图 12-13 插入荧光灯

Step 14 指定第一条辅助线和第一条垂直辅助线的交点，插入荧光灯图块，如图 12-14 所示。

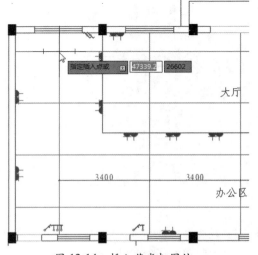

图 12-14 插入荧光灯图块

Step 15 执行"复制"命令，将插入的荧光灯图块复制移动到其他辅助线的交点上，如图 12-15 所示。

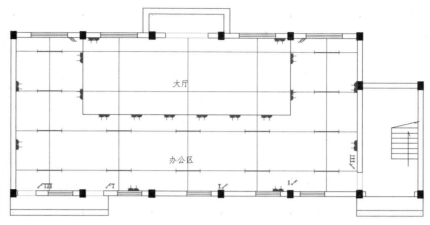

图 12-15　复制荧光灯

Step 16 执行"插入"命令，将电风扇图块插入到图形中，并执行"复制"命令，将其复制到每段辅助线合适位置，如图 12-16 所示。

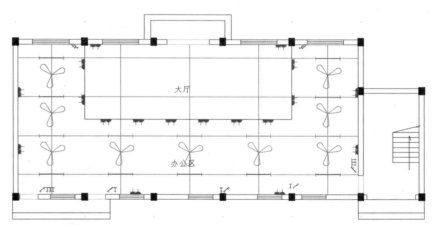

图 12-16　插入并复制电风扇图块

Step 17 删除辅助线。执行"偏移"命令，将"大厅"轮廓线依次向上偏移 900mm 和 1980mm，如图 12-17 所示。

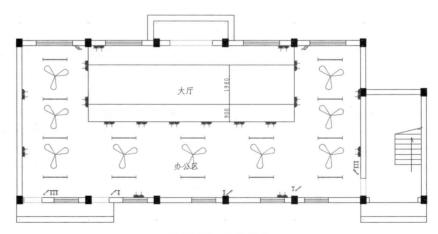

图 12-17　偏移线段

Step 18 执行"定数等分"命令，将偏移的线段等分成 6 份，并执行"直线"命令，绘制等分线，如图 12-18 所示。

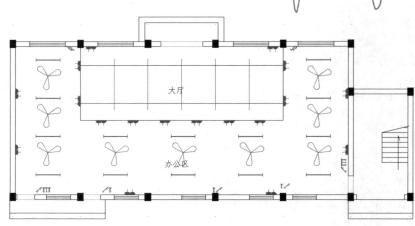

图 12-18 等分线段

Step 19 执行"圆"命令,绘制半径为 175mm 的小圆,并将其复制到等分线与偏移线段的交点上。然后将复制的圆形放置在楼梯间合适位置上,如图 12-19 所示。

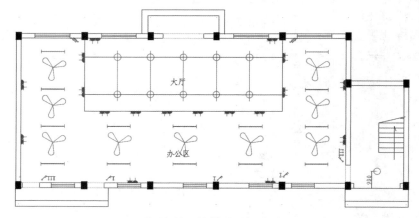

图 12-19 绘制吸顶灯图形

Step 20 删除等分线与偏移线段,完成灯具与电扇图形的布置操作,如图 12-20 所示。

Step 21 执行"插入"→"块"命令,将插座箱图块插入至图纸合适位置,如图 12-21 所示。

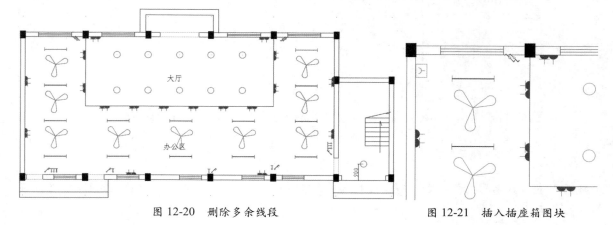

图 12-20 删除多余线段　　　　　图 12-21 插入插座箱图块

12.1.2 添加连接导线

照明设备绘制完毕后，接下来就需要绘制导线，将这些设备串联或并联起来。

Step 01 将"导线"层设为当前层。执行"多段线"命令，沿着墙体线绘制导线，将所有插座串联起来，并集中到"插座箱"图块中，如图 12-22 所示。

知识拓展

在室内配管或配线过程中，应注意明敷时，管线需要横平竖直、整齐美观、结实牢固；而暗敷时，需注意管路尽量短、弯曲少、不外露、便于穿线。管内导线总截面不应超过管内截面面积的 40%；管内导线不应有接头。

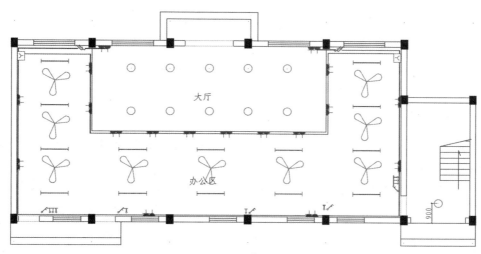

图 12-22　串联插座

Step 02 继续执行"多段线"命令，将灯具与开关连接起来，如图 12-23 所示。

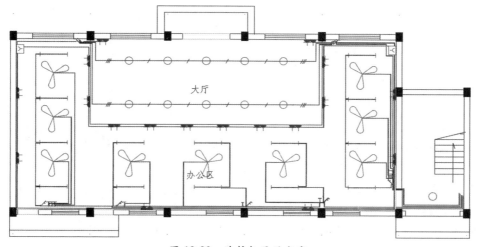

图 12-23　连接灯具及电扇

Step 03 执行"矩形"命令，绘制长为 700mm、宽为 220mm 的矩形，其后执行"图案填充"命令，将矩形进行填充操作，并将其放置在楼梯间合适位置上，完成照明配电箱的绘制，如图 12-24 所示。

Step 04 将开关符号复制到楼梯间，执行"多段线"命令，绘制箭头图形，并将其复制。再次执行"多段线"命令，绘制楼梯间所有导线，如图 12-25 所示。

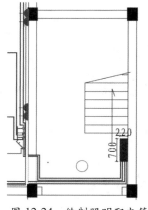
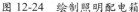

图 12-24　绘制照明配电箱

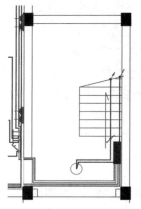

图 12-25　绘制导线

12.1.3　添加文字标注

在对开关、插座进行标注时，用户可直接在相应的设备上进行标注，也可以为了图纸的美观性，在图纸空白处统一对图纸进行解释说明。

Step 01 将"文字注释"层设为当前层。执行"格式"→"多重引线"命令，将文字高度设为 300，将箭头大小设为 200，将基线距离设为 150，如图 12-26 所示。

Step 02 执行"多重引线"命令，根据命令行提示，指定要添加标注的导线及文字位置，输入注释内容，如图 12-27 所示。

图 12-26　设置引线标注样式　　　　图 12-27　标注引线内容

Step 03 单击空白处，完成引线注释操作。复制该引线，并调整好箭头位置及文字位置，如图 12-28 所示。

Step 04 双击文字注释内容，输入新内容，单击空白处完成内容更改操作，如图 12-29 所示。

Step 05 按照同样的方法，完成其他引线标注操作，调整好标注之间的距离，如图 12-30 所示。至此一层照明平面图绘制完毕。

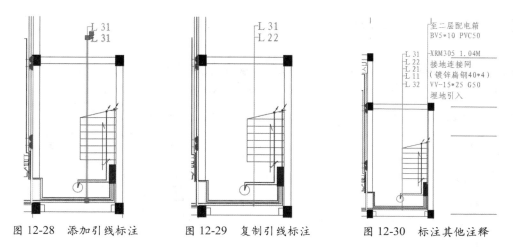

图 12-28　添加引线标注　　　图 12-29　复制引线标注　　　图 12-30　标注其他注释

Step 06 执行"多行文字"命令，将文字高度设为 300，在图纸空白处添加图纸说明内容，如图 12-31 所示。

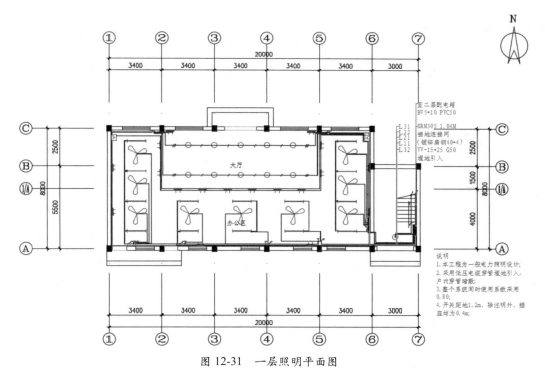

图 12-31　一层照明平面图

Step 07 执行"表格"→"表格样式"命令，打开"表格样式"对话框，单击"修改"按钮，打开"修改表格样式"对话框，在"单元样式"选项组中，单击"标题"选项，并将其文字高度设为 300，如图 12-32 所示。

Step 08 将"表头"的文字高度设为 250，将"数据"的文字高度同样设为 250，如图 12-33 所示。

Step 09 单击"确定"按钮，返回上一层对话框，单击"置为当前"按钮，将设置的表格样式置为当前。

Step 10 执行"绘图"→"表格"命令，打开"插入表格"对话框，将列数设为 6，列宽设为 2000；将数据行数设为 10，行高设为 2，如图 12-34 所示。

Step 11 单击"确定"按钮，关闭对话框。在绘图区中，指定好表格的起始位置，即可完成表格的添加操作，如图 12-35 所示。

图 12-32　设置标题文字高度

图 12-33　设置表头、数据文字高度

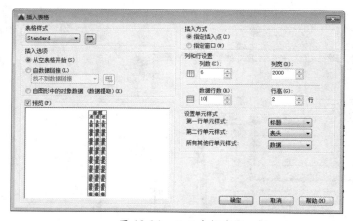

图 12-34　设置表格参数

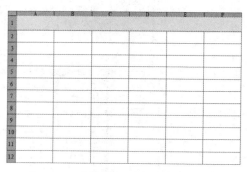

图 12-35　插入表格

Step 12 使用回车键和键盘上的方向键，输入表格内容，如图 12-36 所示。

Step 13 执行"复制"命令和"缩放"命令，将图纸中照明设备图块复制到"图例"一列中，如图 12-37 所示。

主要设备材料表					
图例	名称	型号	规格	数量	单位
	照明配电箱	XRM305		2	台
	荧光灯	YC2-1	40W	34	盏
	吸顶灯	JXD80	60W	12	盏
	单极开关	86L11-10		4	个
	双极开关	86K21-10		8	个
	双控开关	96K31-10		8	个
	插座	86Z223 A10		42	个
	插座箱	XRZ101-51		5	台
	电风扇	自配调速开关	φ1400	20	个
	导线	W1-5*25\5*1		按实际计算	米

图 12-36　输入表格内容

主要设备材料表					
图例	名称	型号	规格	数量	单位
▬	照明配电箱	XRM305		2	台
⊢⊣	荧光灯	YC2-1	40W	34	盏
○	吸顶灯	JXD80	60W	12	盏
⚹	单极开关	86L11-10		4	个
⚹	双极开关	86K21-10		8	个
⚹	双控开关	96K31-10		8	个
⊥	插座	86Z223 A10		42	个
⊻	插座箱	XRZ101-51		5	台
✿	电风扇	自配调速开关	φ1400	20	个
──	导线	W1-5*25\5*1		按实际计算	米

图 12-37　插入图例图块

Step 14 框选整个表格参数，在"表格单元"选项卡的"单元样式"面板中单击"对齐"下拉按钮，选择"正中"选项，将表格中的数据居中设置，如图 12-38 所示。

Step 15 选中表格，指定表格上方的夹点，当夹点呈红色时，单击该夹点并向右移动光标，指定合适位置，可以调整当前列的列宽，如图 12-39 所示。

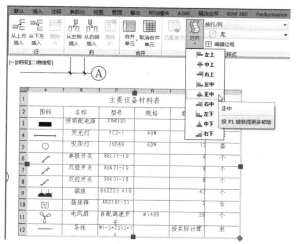

图 12-38　设置数据对齐方向

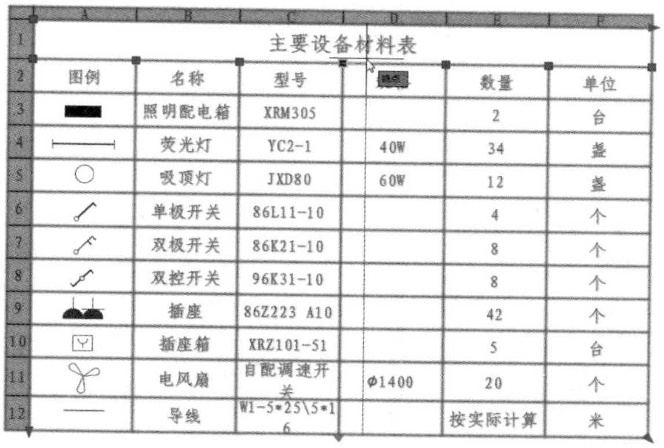

图 12-39　调整表格的列宽

Step 16 使用鼠标拖曳的方法，框选所有表格内容，在"表格单元"选项卡的"单元样式"面板中单击"编辑边框"按钮，打开"单元边框特性"对话框。

Step 17 勾选"双线"复选框，并将其间距值设为 100，单击"外边框"按钮，如图 12-40 所示。

Step 18 单击"确定"按钮，完成表格外框线的设置操作，如图 12-41 所示。至此，一层照明平面图绘制完毕。

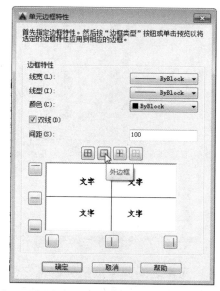

图 12-40　设置表格外框线

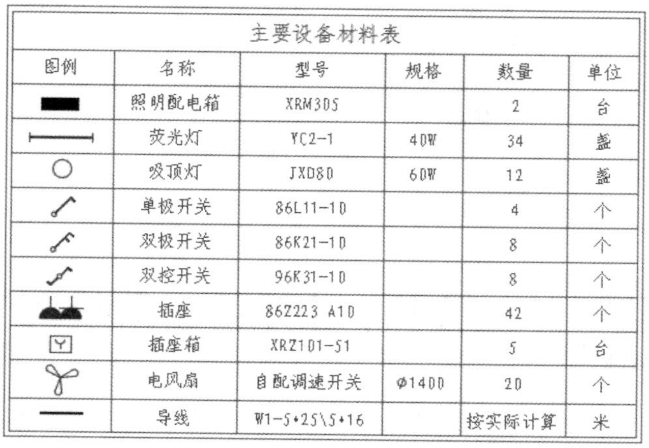

图 12-41　设置结果

图例	名称	型号	规格	数量	单位
	照明配电箱	XRM305		2	台
	荧光灯	YC2-1	40W	34	盏
	吸顶灯	JXD80	60W	12	盏
	单极开关	86L11-10		4	个
	双极开关	86K21-10		8	个
	双控开关	96K31-10		8	个
	插座	86Z223 A10		42	个
	插座箱	XRZ101-51		5	台
	电风扇	自配调速开关	Φ1400	20	个
	导线	W1-5•25\5•16		按实际计算	米

主要设备材料表

二层照明平面图的绘制方法与一层相同，都需要先将插座、灯具和开关符号插入至图纸相关位置，然后使用导线命令，将这些照明设备连接，最后对需要标注的照明设备进行相关的文字注释即可。由于操作方法与上一节相似，在此不赘述。

二层照明平面图如图 12-42 所示。

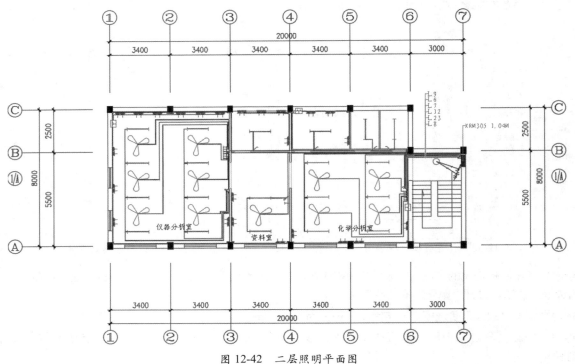

图 12-42　二层照明平面图

知识拓展

对电气照明进行设计时，需要遵循以下 3 个原则。

1. 符合建筑物照明的实际需要。

2. 高质量、高效益。

3. 节能降耗。

12.2　绘制研究所配电系统图

配电系统图反映了配电系统的基本组成，主要电气设备、元件之间的连接情况以及它们的规格、型号、参数等。在阅读配电系统图时，可根据电流入户方向，按进户线路—配电箱—各支路的顺序进行阅读。下面将以研究所配电系统为例，介绍其系统图的绘制方法。

12.2.1 绘制系统框架

在绘制配电系统图时，可以先将各配电箱轮廓以及各支路绘制出来，然后再根据每条线路的特性添加数据参数。下面先绘制研究所配电系统图中的接线箱、配电箱、进出线路等。

Step 01 打开"图层特性管理器"面板，创建"轮廓线"和"文字注释"两个图层，并设置其图层特性，将"轮廓线"设为当前层，如图 12-43 所示。

Step 02 执行"矩形"命令，绘制长为 4690mm、宽为 2530mm 的矩形，作为接线箱，如图 12-44 所示。

图 12-43　创建图层

图 12-44　绘制接线箱

Step 03 在"特性"面板中单击"线型"下拉按钮，选择"其他"选项，在打开的"线型管理器"对话框中，单击"加载"按钮，在"加载或重载线型"对话框中，选择"ACAD_IS002W100"线型，然后单击"确定"按钮，完成线型加载操作，如图 12-45 所示。

Step 04 选中矩形，再次打开"线型"列表，选择加载的线型。然后单击"特性"面板右侧小箭头，打开"特性"面板，将"线型比例"设为 50，如图 12-46 所示。

图 12-45　加载线型

图 12-46　设置线型比例

Step 05 设置完成后，矩形的线型已发生变化，如图 12-47 所示。

Step 06 执行"矩形"命令，绘制长为 9490mm、宽为 6590mm 的矩形，作为一层照明配电箱，如图 12-48 所示。

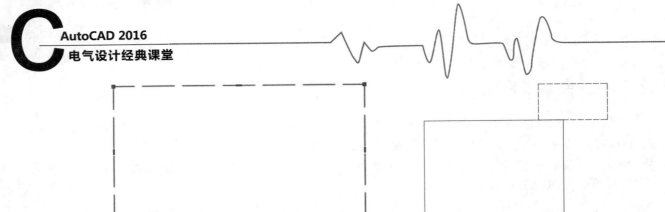

图 12-47　设置接线箱线型　　　　　　　图 12-48　绘制一层照明配电箱

Step 07 在"特性"面板中单击"特性匹配"命令，将接线箱线型匹配到一层配电箱线型上，如图 12-49 所示。

Step 08 执行"镜像"命令，选择一层照明配电箱，将其向右镜像复制，完成二层照明配电箱的绘制，如图 12-50 所示。

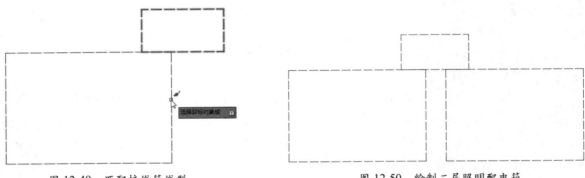

图 12-49　匹配接线箱线型　　　　　　　图 12-50　绘制二层照明配电箱

Step 09 执行"直线"命令，在接线箱上方合适位置，绘制进户线路，如图 12-51 所示。

Step 10 继续执行"直线"和"极轴追踪"命令，绘制进线断路器以及进入各配电箱的支线，如图 12-52 所示。

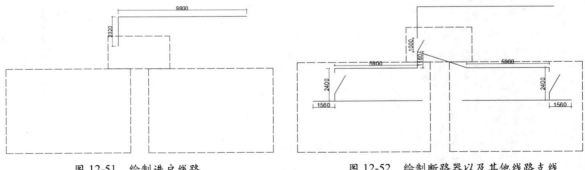

图 12-51　绘制进户线路　　　　　　　图 12-52　绘制断路器以及其他线路支线

Step 11 执行"定数等分"命令，将图 12-53 所示的线段等分成 5 段，并执行"直线"命令，向下绘制长为 1380mm 等分线。

Step 12 将该等分线复制到二层配电箱内，如图 12-54 所示。

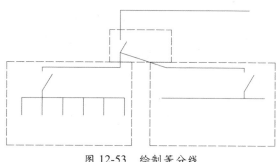

图 12-53　绘制等分线　　　　　　　　　图 12-54　复制等分线

Step 13 执行"直线"和"极轴追踪"命令，绘制断路器和一条出线线路，如图 12-55 所示。

Step 14 执行"复制"命令，将该出线线路分别复制到其他等分线上，如图 12-56 所示。

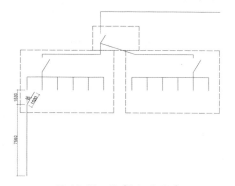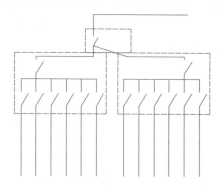

图 12-55　绘制出线线路　　　　　　　　　图 12-56　复制出线线路

12.2.2　添加文字内容

配电系统图主要看的就是线路上的文字注释，这些文字注释内容包括配电箱代号、配电箱型号、进线电缆型号、根数、截面、铺设方式等。下面将为绘制好的线路图添加文字注释。

Step 01 将"文字注释"图层设为当前层。执行"多行文字"命令，将文字高度设为 500，标注进户线路参数，如图 12-57 所示。

Step 02 选中文字内容，在"文字编辑器"选项卡的"格式"面板中，单击"字体"下拉按钮，选择"仿宋 -GB2312"选项，如图 12-58 所示。

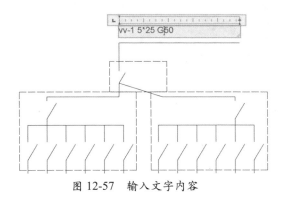

图 12-57　输入文字内容　　　　　　　　　图 12-58　设置文字字体

Step 03 执行"复制"命令，将该文字复制到线路下方，并双击文字内容，打开文字编辑器，输入新文字内容，如图 12-59 所示。

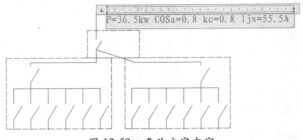

图 12-59　更改文字内容

Step 04 单击空白处，完成文字更改操作。执行"单行文字"命令，将字体高度设为 400。其后右键单击输入法图标（以 QQ 输入法为例），在打开快捷菜单中，选择"符号输入"→"特殊符号"选项，打开"符号输入器"对话框，选择"Σ"符号，关闭对话框，完成特殊符号的插入操作，如图 12-60 所示。

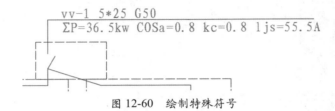

图 12-60　绘制特殊符号

Step 05 按照以上同样的方法，执行"多行文字"命令，适当调整文字的大小，为接线箱、两个配电箱中的线路及断路器添加文字注释，如图 12-61 所示。

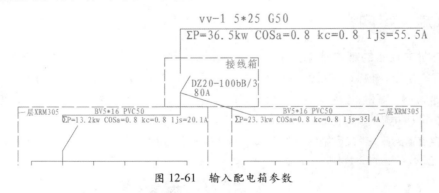

图 12-61　输入配电箱参数

Step 06 执行"多行文字"命令，输入断路器参数，如图 12-62 所示。

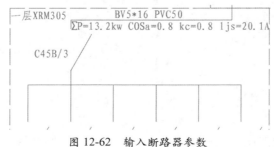

图 12-62　输入断路器参数

Step 07 执行"旋转"命令，将该文本逆时针旋转 90 度，如图 12-63 所示。

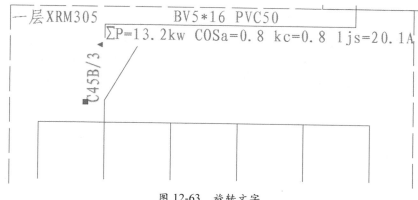

图 12-63　旋转文字

Step 08 执行"复制"命令，将该文本复制到其他线路上。双击复制后的文本，在文字编辑器中输入新文本内容，单击空白处即可修改文本内容。至此，研究所配电系统图绘制完毕，最终如图 12-64 所示。

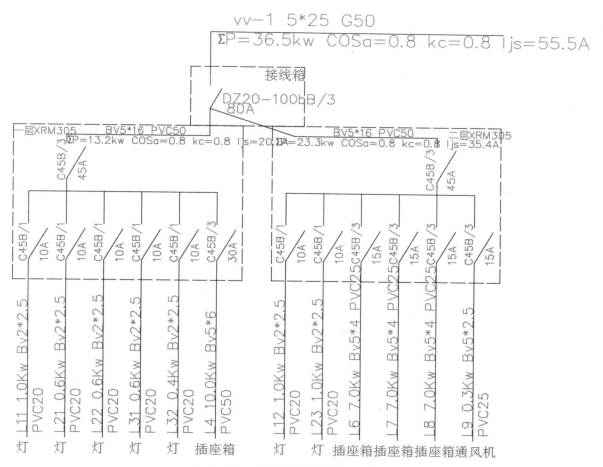

图 12-64　复制修改其他线路上的文字

知识拓展

　　配电箱系统图一般分为一次线图和二次线图。其中一次线图是主电源控制图，由一个总开关加几个支路开关构成，标准设计图纸一般都会标明进出线电缆的大小和每路分开关与总开关之间的电线大小，以及进线电源的来源和出线的去向。而二次线图一般为控制部分，比一次线图要复杂得多。

附录 A

天正电气 T20 软件的应用

AutoCAD 软件是基础制图软件，所以对一些专业性强的学科来说，其专业性相对薄弱。为了满足这一部分学科领域人员的需要，天正公司按照各专业制图需求，开发了一系列的天正绘图软件，例如建筑、电气、节能、结构、规划等。该软件专业性强，简单易学，所以受到不少设计师的青睐。

1. 天正电气 T20 软件概述

对于电气专业设计师来说，使用天正电气软件制图是必备技能之一。目前，最新版本为天正电气 T20。该软件是以 AutoCAD 2007~2016 为平台，搜集了大量的电气设计资料，为电气设计师们提供了多种便利的绘图工具，是一款全新智能化的电气设计软件。虽说是 AutoCAD 软件的一个插件，但是其使用率要比 AutoCAD 高得多。

2. 天正电气 T20 工作界面

天正电气 T20 软件界面大致可分为 6 大区域，分别为"AutoCAD 软件功能区""图形选项卡""工具栏""绘图区""命令提示行"以及"状态栏"。下面将以 AutoCAD 2016 为基础对天正电气 T20 操作界面进行简单介绍，如附图 1 所示的是天正电气 T20 操作界面（该界面背景默认为黑色，本图是经过设置后的效果）。

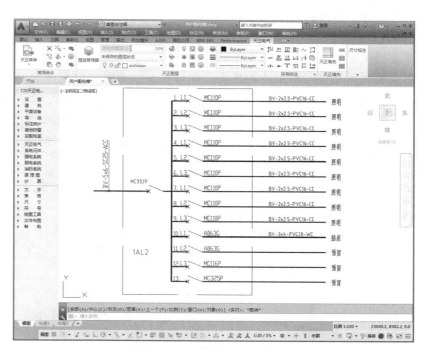

附图 1　天正电气 T20 操作界面

1）AutoCAD 软件功能区

AutoCAD 功能区位于天正操作界面上方，其使用方法与 AutoCAD 2016 软件相同，如附图2所示。

附图 2　AutoCAD 软件功能区

2）图形选项卡

图形选项卡位于绘图区上方，功能区下方。右击选项卡空白处将弹出快捷菜单，用户可进行文件的新建、保存与关闭操作，如附图3所示。

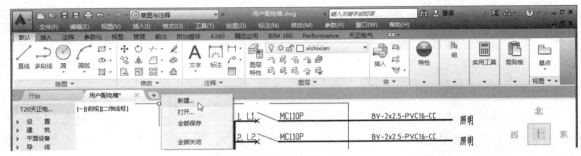

附图 3　图形选项卡

3）工具栏

该工具栏位于操作界面左侧，单击工具栏中的某一命令选项，在扩展列表中会显示相应的操作命令，单击命令可进行相应的操作，如附图4所示。

4）绘图区

绘图区位于操作界面正中间，在该区域中，用户可绘制所需图形。单击该区域左上角的视口选项，可切换当前图形的视角；而单击右上角窗口控制按钮，可对当前图形进行最小、还原及关闭操作；单击缩放工具栏中相关命令，可对当前视图进行相应的缩放操作；单击区域下方"模型"或"布局"选项卡，可设置当前图形的显示方式，如附图5所示。

附图 4　工具栏

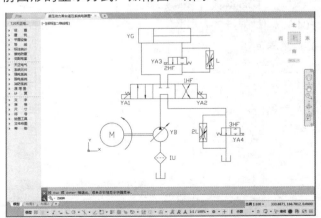

附图 5　绘图区

5）命令提示行

命令提示行默认位于绘图区域下方，状态栏上方。在该命令行中，用户可对相关命令参数进行设置。单击该命令行左侧空白处，可对该命令行进行移动操作，如附图 6 所示。

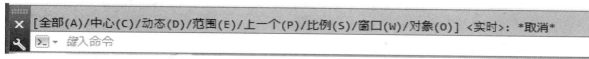

附图 6　天正命令提示行

6）状态栏

状态栏位于操作界面最下方。在该状态栏中，用户可对当前图形的比例、捕捉方式、图形显示模式、工作空间等功能进行相应的设置，如附图 7 所示。

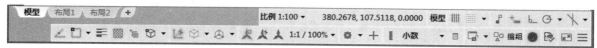

附图 7　天正状态栏

3. 天正电气常用功能介绍

本小节将对天正电气软件的一些常用工具进行简单介绍，其中包括电气平面设计、电气系统设计，电气计算、接地防雷等。

1）电气平面设计

天正电气 T20 软件提供了多种布置平面设备与导线的工具，利用这些布置工具，设计师可方便地绘制动力、照明、弱电、消防、变配电室布置和防雷接地平面图。所有图元采用参数化布置，一次性信息录入，标注与材料表统计自动完成，如附图 8 所示。

2）电气系统设计

在绘制电气系统图方面，软件可自动生成照明系统图、动力系统图、低压单线系统图以及弱电系统图等，其中自动生成的配电箱系统图的同时还会完成负荷计算。此外系统还提供了数百种常用高、低压开关柜回路方案，80 余种原理图集供用户选择。

在工具栏中，单击"天正电气"选项，在打开的列表中，单击"动力系统"选项，则会打开"动力配电系统图"对话框，如附图 9 所示。在此输入系统参数，单击"确定"按钮，并在绘图区中指定插入点即可快速完成配电系统图的绘制操作。

3）电气计算

天正电气软件向用户提供了全面的计算功能，其中包括逐点照度、照度计算、多行照度计算、负荷计算、无功功率补偿、短路电流、低压短路、电压损失、年雷击次数计算、继电保护计算等，所有计算结果用户均可导入并保存至 Word 软件中。

● 逐点照度：该功能可计算空间每点照度，显示计算空间最大照度、最小照度值。支持不规则区域的计算，充分考虑了光线的遮挡因素，可绘制等照度分布曲线图。

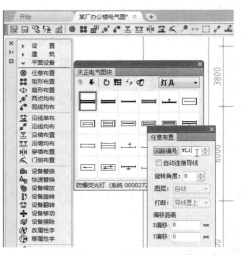

附图 8　添加天正电气图块及输入参数　　　附图 9　设置"动力配电系统图"参数

● 多行照度计算：该功能利用系数法，可根据房间面积和要求的平均照度计算应布灯具数量，并根据计算结果核算功率密度；既可选用多种灯具种类和众多灯具型号，也可根据灯具光强由用户自定义灯具。录入了新型灯具，支持不规则房间照度计算，可以输入灯具数反算照度与功率密度，支持多房间同时计算并可自动布灯，如附图 10 所示。

● 负荷计算：该功能需要系数法，可直接读取系统图数据，也可自行输入，根据总负荷计算结果，自动计算"无功补偿"，及进行变压器选型，并且支持多变压器计算。

● 年雷击次数计算：该功能收录了最新防雷规范 GB50057—2010，可计算防雷类别，以及考虑周边建筑影响，可把计算的结果绘制成表格形式，也可给出详细的计算书，如附图 11 所示。

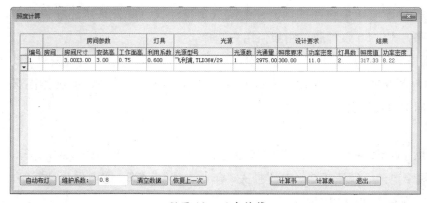

附图 10　照度计算

附图 11　设置建筑防雷参数

4）接地防雷

在天正电气软件中，使用接地防雷工具可自由绘制出避雷针、避雷带、接地线、接地极。

其中"滚球避雷"功能支持多针二维、三维避雷，移动避雷针其二维、三维保护区域随即更新。通过绘制 PL 线的建筑物外轮廓，可对其赋高度值，查看建筑物避雷三维状态图，同时也可查看任意针的三维保护范围。

5）变配电室

使用变配电室功能可快速绘制出配电柜及电缆沟的平、立、剖面图，方便对电缆沟及配电柜的参数化编辑。当柜子尺寸变化后可向指定方向靠齐，删除配电柜后可重新进行编号，配电柜标注尺寸自动生成，并自动生成变配电室剖面图。

🔊 实战——绘制公共洗手间照明布局图

本例将利用天正电气相关功能，绘制公共洗手间照明布局图。

Step 01 打开"公共洗手间平面"素材文件。在天正电气工具栏中执行"偏移"命令，将第二条垂直的墙体轴线向右偏移 840mm，如附图 12 所示。

Step 02 继续执行"偏移"命令，将第一条水平轴线依次向下偏移 570mm、900mm、900mm 和 900mm，如附图 13 所示。

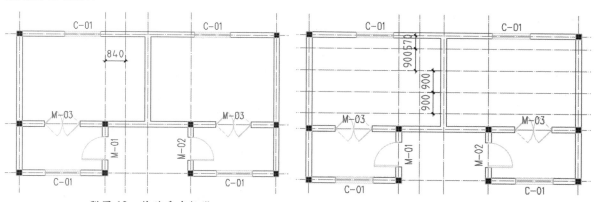

附图 12　偏移垂直轴线　　　　　　　　附图 13　偏移水平轴线

Step 03 执行"圆"命令，绘制半径为 100mm 的圆，然后执行"直线"命令，绘制两条长 300mm 相互垂直的直线段，并将其放置在圆形中心位置，完成射灯图形的绘制，如附图 14 所示。

Step 04 在天正电气工具栏的"平面设备"选项中，执行"造设备"命令，选择刚绘制的射灯图形，按两次回车键，打开"入库定位"对话框，单击"用户图块"展开按钮，选择"灯具"选项，其后在"图块名称"文本框中输入"射灯"，如附图 15 所示。

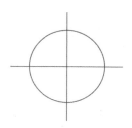

图附 14　绘制射灯

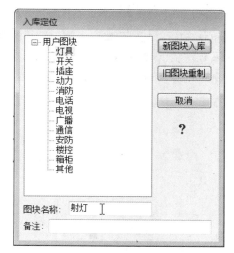

图附 15　图块入库设置

Step 05 单击"新图块入库"按钮，完成射灯图块的创建操作。

Step 06 在"平面设备"列表中，执行"任意布置"命令，打开"天正电气图块"面板，在此选择"灯具"图库，并选中添加的射灯图块，如附图 16 所示。

Step 07 在绘图区中，指定射灯插入点，如附图 17 所示。

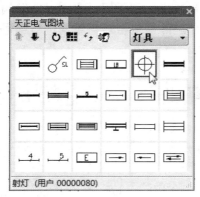

附图 16　选择射灯图块

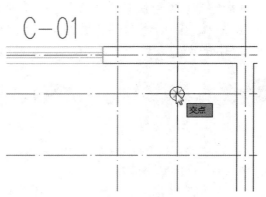

附图 17　插入射灯图块

Step 08 继续指定其他射灯插入点，完成射灯图块插入操作，如附图 18 所示。

Step 09 执行"偏移"命令，将最右侧垂直轴线依次向左偏移 840mm 和 3600mm，如附图 19 所示。

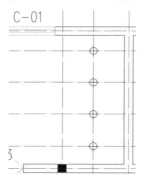

附图 18　插入其他射灯图块

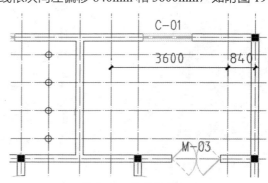

附图 19　偏移墙体轴线

Step 10 执行"复制"命令，将射灯图块复制到刚偏移的轴线交点上，如附图 20 所示。

Step 11 删除所有偏移的水平轴线。再次执行"偏移"命令，将最左侧的墙体轴线依次向右偏移 1800mm、6300mm 和 956mm，其后将上方轴线依次向下偏移 1890mm 和 3060mm，如附图 21 所示。

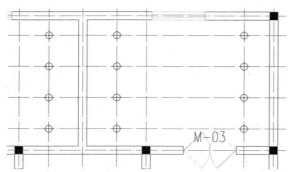

附图 20　复制射灯图块

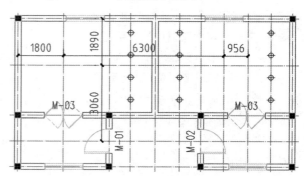

附图 21　偏移轴线

Step 12 在"平面设备"选项列表中，再次执行"任意布置"命令，在"天正电气图块"面板中选择"三管格栅灯"图块，如附图 22 所示。

Step 13 将三管格栅灯灯具图块插入至刚偏移的轴线交点上，如附图 23 所示。

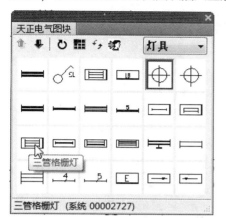

附图 22　选择格栅灯图块

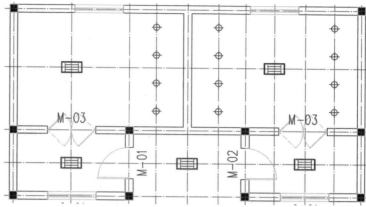

附图 23　插入格栅灯图块

Step 14 删除所有偏移的轴线。执行"任意布置"命令，打开"天正电气图块"面板，选择"开关"类别，并在其开关列表中选择"双联单控开关"图块，如附图 24 所示。

Step 15 在图纸中指定双联单控开关插入点，并执行"旋转"命令，调整开关位置，如附图 25 所示。

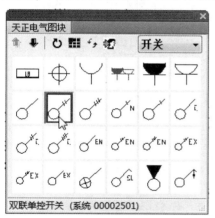

附图 24　选择开关图块

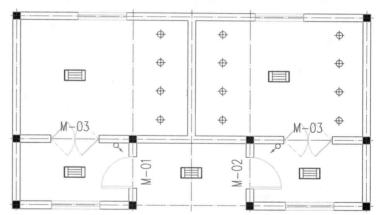

附图 25　插入开关图块

Step 16 按照同样的方法，将"单联单控开关"以及"插座"图块插入至图纸合适位置，如附图 26 所示。

Step 17 将照明配电箱图块插入至图形中，如附图 27 所示。

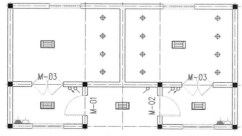

附图 26　布置单控开关及插座图块

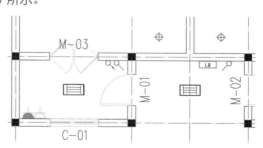

附图 27　插入配电箱图块

Step 18 ▷ 在天正电气工具栏中选择"导线"选项，并在其列表中执行"平面布线"命令，以射灯中点为起点，向下绘制导线，将左侧四个射灯串联起来，如附图 28 所示。

Step 19 ▷ 再次执行"平面布线"命令，绘制导线，将栅格灯连接到双联单控开关上，如附图 29 所示。

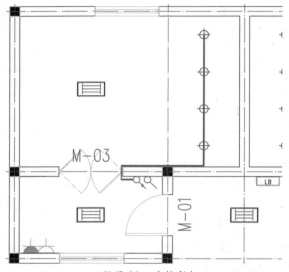

附图 28　连接射灯

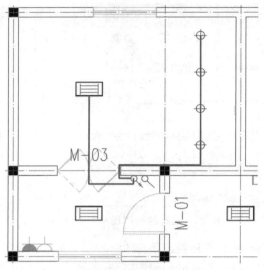

附图 29　连接栅格灯

Step 20 ▷ 按照同样的方法，布置其他导线，使用导线将剩余的灯具连接至各开关设备上，如附图 30 所示。

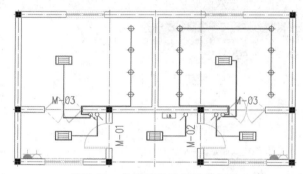

附图 30　使用导线连接所有灯具

Step 21 ▷ 将所有的插座、开关使用导线分别连接至照明配电箱中，如附图 31 所示。至此公共洗手间照明布局图绘制完成。

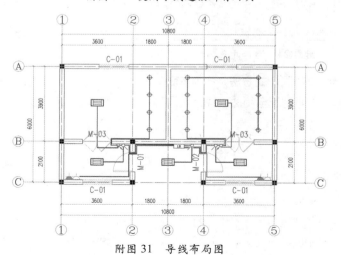

附图 31　导线布局图

附录 B

常用电气符号

在正文中介绍了一部分常用的电气符号，本小节罗列了其他一些电路符号，例如限定符号、导线符号、仪表符号、开关符号、电气元件符号、传感器符号等。下面将以表格的形式向读者展示这些常用符号的表达方式及名称。

1. 常用的限定符号

电路中的限定符号有直流、交直流、交流、负极、正极等，如附表 1 所示。

附表 1　限定符号

序 号	名 称	图形符号	序 号	名 称	图形符号
1	直流	——	6	交流发电机输出端	B+
2	交流	∿	7	中性点	N
3	交直流	∿	8	塔铁	⊙
4	负极	—	9	正极	+
5	磁场	F	10	磁场二极管输出端	D+

2. 常用的导线符号

在电气工程中，导线的作用是输送能量和传递信号，在不同类型的电气图纸中，导线的布置、走向、种类、标记都各不相同。附表 2 所示的是常用导线符号，以供用户参考。

附表 2　导线符号

序 号	名 称	图形符号	序 号	名 称	图形符号
1	导线交叉跨越	┼	5	可拆卸的端子	⊘
2	导线交叉连接	┿	6	插座	⊂
3	接点	●	7	插头	▬
4	端子	○	8	插头与插座	▬

3. 常用的仪表符号

电路图中常用的仪表有电压表、电流表、温度表、油压表、瓦特表等，如附表 3 所示。

附表 3　仪表符号

序 号	名 称	图形符号	序 号	名 称	图形符号
1	电压表	Ⓥ	6	瓦特表	Ⓦ
2	电流表	Ⓐ	7	转速表	n'
3	油压表	OP	8	燃油表	Ⓠ
4	温度表	$t°$	9	指示仪表	＊
5	欧姆表	Ω	10	车速里程表	Ⓥ

4. 常用的开关符号

电路图中常用的开关符号有常开、常闭、双向开关、双动常开、普通手动开关、压力控制、凸轮控制、热敏开关等，如附表 4 所示。

附表 4　开关符号

序 号	名 称	图形符号	序 号	名 称	图形符号
1	常开开关		14	液压控制	
2	常闭开关		15	定位 （非自动复位）	
3	先断后合开关		16	一般手动控制 开关	
4	联动开关		17	凸轮控制	
5	双向开关		18	按钮开关	
6	双动常开开关		19	定位的按钮 开关	
7	双动常闭开关		20	拉拔开关	
8	普通手动控制		21	旋钮开关	
9	拉拔控制		22	液位控制开关	
10	旋转控制		23	热敏开关 （常开）	
11	温度控制		24	热敏开关 （常闭）	
12	压力控制		25	热敏自动开关 动断触点	
13	制动压力控制		26	热继电器触点	

5.　常用的电气元件符号

　　电气工程中常用的电气元件有电阻器、电容器、光敏电阻、缓熔器、保险丝、常开继电器等，如附表 5 所示。

附表 5　电气元件符号

序 号	名 称	图形符号	序 号	名 称	图形符号
1	保险丝	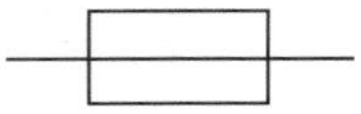	10	缓熔器	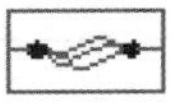
2	可变电阻	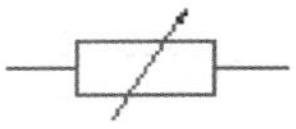	11	电阻器	
3	热敏电阻	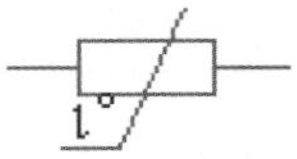	12	压敏电阻器	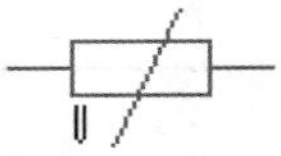
4	光敏电阻	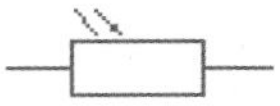	13	滑线变阻器	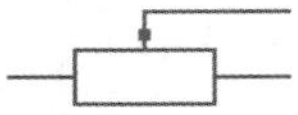
5	可变电容	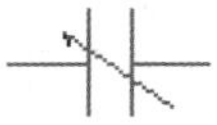	14	电容器	
6	半导体二极管	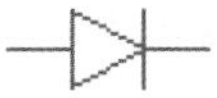	15	极性电容器	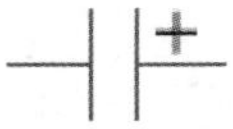
7	光电二极管	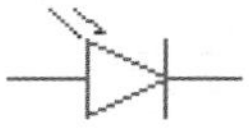	16	发光二极管	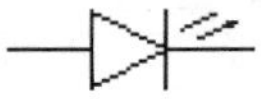
8	常闭继电器	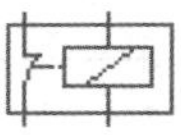	17	常开继电器	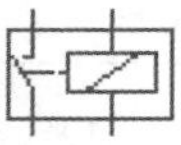
9	带磁芯的电感器	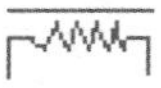	18	线圈、电感器	

6. 传感器符号

电路图中常用的传感器有油压传感器、燃油传感器、空气温度传感器、转速传感器、缓冲传感器等，如附表 6 所示。

附表 6　传感器符号

序 号	名 称	图形符号	序 号	名 称	图形符号
1	油压传感器	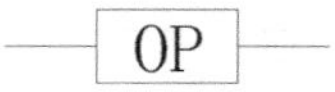 OP	3	氧传感器	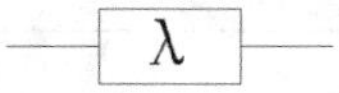 λ
2	转速传感器	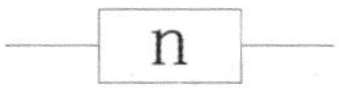 n	4	空气质量传感器	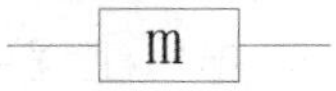 m

续表

序 号	名 称	图形符号	序 号	名 称	图形符号
5	空气流量传感器	AF	10	燃油传感器	Q
6	空气压力传感器	AP	11	制动压力传感器	BP
7	蹄片磨损传感器	F	12	空气温度传感器	t°A
8	车速传感器	V	13	水温传感器	t°w
9	爆震传感器	K	14	缓冲传感器	PA

7. 常用的电气设备符号

电路图中常用的电气设备有照明信号灯、荧光灯、扬声器、电喇叭、电压调节器、空调鼓风机、雨刮电机、起动机等，如附表 7 所示。

附表 7 电气设备符号

序 号	名 称	图形符号	序 号	名 称	图形符号
1	照明信号灯	⊗	7	起动机	M
2	三丝灯	⊗	8	雨刮电机	M
3	扬声器		9	直流发电机	G
4	蜂鸣器		10	电磁阀	
5	电压调节器	U	11	常闭电磁阀	
6	温度调节器	t°	12	双丝灯	⊗

续表

序 号	名 称	图形符号	序 号	名 称	图形符号
13	荧光灯		18	空调鼓风机	
14	电喇叭		19	天线电动机	
15	天线		20	门窗电机	
16	转速调节器	▷ n	21	常开电磁阀	
17	直流电机	Ⓜ	22	元件/装置/功能件	